TUBO DE ENSAIOS

Universidade Estadual de Campinas

Reitor
Antonio José de Almeida Meirelles

Coordenadora Geral da Universidade
Maria Luiza Moretti

Conselho Editorial

Presidente
Edwiges Maria Morato

Alexandre da Silva Simões – Carlos Raul Etulain
Cicero Romão Resende de Araujo – Dirce Djanira Pacheco e Zan
Iara Beleli – Iara Lis Schiavinatto – Marco Aurélio Cremasco
Pedro Cunha de Holanda – Sávio Machado Cavalcante

Coleção Meio de Cultura

Comissão Editorial
Marcelo Knobel (coordenação)
Andréa Guerra – Peter Schulz – Sandra Murriello – Yurij Castelfranchi
Alexandre da Silva Simões (representante do conselho)

TUBO DE ENSAIOS
UMA MISTURA DE CIÊNCIA, ARTE E CULTURA *POP*

DANIEL MARTINS DE BARROS

EDITORA UNICAMP

FICHA CATALOGRÁFICA ELABORADA PELO
SISTEMA DE BIBLIOTECAS DA UNICAMP
DIVISÃO DE TRATAMENTO DA INFORMAÇÃO
Bibliotecária: Maria Lúcia Nery Dutra de Castro – CRB-8ª / 1724

B278t   Barros, Daniel Martins de
          Tubo de ensaios : uma mistura de ciência, arte e cultura *pop* / Daniel Martins de Barros. – Campinas, SP : Editora da Unicamp, 2023.

          1. Divulgação científica. 2. Cultura. 3. Ciências. 4. Comportamento. I. Título.

          CDD – 507
                – 306
                – 500
ISBN 978-85-268-1595-7   – 150

Copyright © by Daniel Martins de Barros
Copyright © 2023 by Editora da Unicamp

Opiniões, hipóteses e conclusões ou recomendações expressas neste livro são de responsabilidade do autor e não necessariamente refletem a visão da Editora da Unicamp.

Direitos reservados e protegidos pela lei 9.610 de 19.2.1998.
É proibida a reprodução total ou parcial sem autorização, por escrito, dos detentores dos direitos.

Foi feito o depósito legal.

Direitos reservados a

Editora da Unicamp
Rua Sérgio Buarque de Holanda, 421 – 3º andar
Campus Unicamp
CEP 13083-859 – Campinas – SP – Brasil
Tel./Fax: (19) 3521-7718 / 7728
www.editoraunicamp.com.br – vendas@editora.unicamp.br

meio de cultura

A coleção traz textos que, em linguagem acessível a todos, apresentam os caminhos e descaminhos da ciência e da tecnologia. Neles encontramos histórias de sucessos e fracassos, contradições e embates, enigmas e polêmicas da ciência e da tecnologia na sociedade – uma bússola para explorar a cultura científica até as fronteiras do saber. Nosso cotidiano é permeado de ciência e tecnologia, e a coleção Meio de Cultura procura despertar o encanto pelo conhecimento, pela curiosidade, pela beleza e pelos mistérios do universo e da humanidade.

É perigoso ter duas culturas que não podem ou não querem comunicar-se entre si.

C. P. Snow (*As duas culturas e uma segunda leitura*)

AGRADECIMENTOS

Este livro não existiria sem muitas jornalistas extremamente generosas que cruzaram meu caminho. Cláudia Belfort, que me deu o primeiro espaço de divulgação científica nos *blogs* do *Estadão*; Bia Reis, que me convidou para ser colunista do mesmo jornal; Patrícia Carvalho, da Rede Globo, que me abriu as portas da Editora Globo, casa da revista *Galileu*; Paula Perim Negro Multari, que ali me recebeu e me apresentou para as editoras da *Galileu*, Cristine Kist e Giuliana de Toledo, que ajudaram a formatar a "Tubo de ensaios". Sou muito grato a todas elas.

Agradeço também ao Marcelo Knobel, irmão de armas na produção da ciência e na sua divulgação, que me estimulou a compilar e atualizar os textos e apresentá-los à coleção Meio de Cultura, da Editora da Unicamp, onde eles agora encontram sua morada definitiva.

A divulgação científica está inserida em extensão, do famoso tripé universitário ensino-pesquisa-extensão, com a missão de levar o conhecimento da universidade para a sociedade. Se consigo fazer isso em iniciativas como este livro é apenas pelo apoio do Instituto de Psiquiatria do Hospital das Clínicas da Faculdade de Medicina da USP e do Departamento de Psiquiatria da mesma faculdade. A essas instituições e seus líderes, renovo minha gratidão.

E, como sempre, agradeço sobretudo à minha família, razão de todo o resto.

SUMÁRIO

APRESENTAÇÃO 13
1. TUDO TEM LIMITE, ATÉ O QUE PARECE LHE FAZER BEM ... 15
2. HIGIENE DE UNS, TRAGÉDIA DE OUTROS 21
3. OS POMBOS DE SKINNER VÃO A SPRINGFIELD 26
4. OS FANTASMAS DOS VIADUTOS PAULISTANOS 31
5. MENTIRAS QUE OS HOMENS (E OS RATOS) CONTAM 36
6. A CIÊNCIA COMO ARMA CONTRA A PÓS-VERDADE 41
7. NÃO CONFIE EM SEU EU DO FUTURO 47
8. ATENÇÃO PARA AS CARICATURAS DE NÓS MESMOS 52
9. TERRORISMO É UMA DOENÇA MENTAL? 57
10. A FRASE MENOS CONHECIDA DE FREUD 62
11. SÓ A CIÊNCIA NÃO BASTA PARA VENCER UM DEBATE 68
12. MUITA COISA NA VITRINE, POUCA COISA NA SACOLA 73
13. CACHORRO ENCURRALADO NÃO SALTA 78

14. QUANDO SER CEGO NÃO BASTA 83
15. VERDE, COR DA PAZ 88
16. A EQUAÇÃO FANTÁSTICA DA *SCI-FI*................................... 93
17. UM OLHO NO LIVRO, UM OLHO NO OLHO 98
18. O *BIT* É LIMPO, MAS A *COIN* É SUJA 103
19. TUDO É LÍCITO QUANDO CONVÉM 108
20. A DEMOCRACIA NOS COBRA UM PREÇO 113
21. OS *ALIENS* AZUIS ESTÃO ENTRE NÓS............................... 118
22. NOSSO DESCONHECIDO EU DO FUTURO 123
23. SERES HUMANOS DE FASES 127
24. QUANDO O ARTIFICIAL SUPERA O NATURAL 132
25. OS NOSSOS TIJOLOS INVISÍVEIS 137
26. MEDO, IGNORÂNCIA E IDEOLOGIA 142
27. ATRAVÉS DO VALE DA ESTRANHEZA 148
28. VIVER MAIS, SÓ SE FOR PARA VIVER MELHOR 153
29. EM CASO DE ALARME, NÃO PONHA NA BOCA 158
30. DE ONDE VÊM TODOS OS NOSSOS MEDOS? 162

APRESENTAÇÃO

Você sabe a origem de suas paixões? Nem sempre sabemos por que gostamos do que gostamos – e, como a maioria de nós, eu mesmo não sei contar a história de muitos de meus interesses. Mas a estrada que transformou uma paixão de infância no livro que você tem em mãos, essa conheço bem – e relembrá-la ajuda a explicar a proposta desta obra.

A divulgação de ciência sempre foi uma paixão para mim, desde pequeno. Na época, entre fim dos anos 1980 e começo dos anos 1990, não havia tantas fontes de informação como hoje em dia, e, além das enciclopédias, quem nos ajudava a matar a curiosidade eram as revistas. Havia opção para todos os gostos: sobre *skate*, culinária, tecnologia, eletrônica, mergulho livre, tinha de tudo. Quando chegou ao Brasil a revista *Superinteressante*, parecia que eu havia encontrado um portal para outro universo. Não era só o transbordar do conhecimento nas páginas que me fascinava, mas a beleza de tornar esse conhecimento possível para todos. Ganhei de aniversário uma assinatura – tinha então 11 anos – e comecei minha coleção que, quase uma década depois, doei para a

Apresentação

biblioteca da Fundação Bradesco, onde estudei da pré-escola ao ensino médio.

Poucos anos depois, chegava ao mercado a revista *Globo Ciência*, com a mesma missão de trazer informações científicas tão profundas quanto o leigo fosse capaz de apreender. Na década seguinte ela seria rebatizada como *Galileu*, com um formato mais moderno, mas com os mesmos objetivos. Muitos anos depois, quando tive a oportunidade de me tornar colunista para também divulgar ciência nessa revista, foi como realizar um sonho.

Nascia assim a coluna "Tubo de ensaios", cuja proposta vinha refletida no título: apresentar um pouco da ciência dos laboratórios – aquela dos tubos de ensaio – usando uma linguagem que oferecesse novas reflexões, geralmente ilustradas com elementos culturais – seguindo a tradição dos ensaios. Misturar artistas, cientistas e universo *pop* dessa forma só seria mesmo possível numa revista, com sua periodicidade mais espaçada, permitindo trabalhar as ideias com calma, aprofundar um pouco mais a abordagem e burilar o texto tornando-o informativo para quem não é tão afeito às ciências e ao mesmo tempo agradável para os leitores mais científicos. A coluna estreou em 2017 e durou até o fim da revista impressa, em 2019, dois anos de grande satisfação.

Então aqui estamos. Os artigos publicados na revista *Galileu* na seção "Tubo de ensaios" estão quase todos aqui, com exceção de um ou outro cuja pertinência se perdeu com o tempo, e vêm seguidos de uma seção que chamei de "Complementando": textos inéditos aprofundando, expandindo e atualizando os textos originais.

Espero que a paixão com que foram produzidos contagie os leitores a se interessarem por essa musa inspiradora que é a ciência.

1

TUDO TEM LIMITE, ATÉ O QUE PARECE LHE FAZER BEM

Reformar estofados não é um emprego particularmente extenuante. Raramente os prazos são apertados, os chefes não costumam impor metas abusivas, as jornadas costumam ser adequadas. Ainda assim, esse trabalho está intimamente ligado à descoberta de que o estresse pode matar.

No final dos anos 1950, o cardiologista Meyer Friedman, acostumado a tratar pacientes com doenças coronarianas, precisou reformar os sofás de sua sala de espera. Para espanto do tapeceiro, os assentos estavam mais desgastados na ponta do que no fundo, perto do encosto. Ao contrário do que ele sempre via. Era como se os pacientes cardiológicos tivessem mais pressa do que as outras pessoas, fossem de alguma forma mais impacientes. Essa observação disparou uma dúvida no médico: será que esse padrão de comportamento estaria associado às doenças cardiovasculares? Juntos, ele e o colega Ray Rosenman foram a campo testar a hipótese. Estabeleceram o padrão de comportamento que viam nos pacientes coronarianos e se puseram a investigar se ele influenciava o risco de adoecimento cardíaco. Nascia assim a famosa personalidade do tipo A.

No artigo original, estudando a saúde de 83 homens, não por acaso aqueles típicos executivos estressados, os autores propuseram os seguintes critérios para definir personalidade do tipo A: um impulso intenso e contínuo para alcançar objetivos pessoais; grande tendência e anseio por competir em todas as situações; desejo persistente por reconhecimento e ascensão; envolvimento contínuo em múltiplas atividades constantemente submetidas a prazos; tendência habitual de correr para finalizar as tarefas; alerta físico e mental exagerado. A pesquisa mostrou que pessoas preenchendo tais critérios tinham risco sete vezes maior de desenvolver alguma doença coronariana. Posteriormente outras pesquisas corroboraram tal associação.

O termo é hoje algo controverso, por conta de seus critérios muito genéricos. Embora os estudos originais fossem sérios, o rigor do método científico aumentou com o tempo, empurrando o conceito de personalidade tipo A para fora do universo científico, em direção à cultura *pop* – onde está vivo e passa bem até hoje.

De qualquer forma, esse foi o pontapé inicial dos estudos ligando as emoções à saúde. Hoje há poucas dúvidas de que o estresse crônico leva a alterações hormonais deletérias. Nosso sistema de alerta, projetado para disparar só de vez em quando, volta-se contra nós quando fica continuamente ativado. Aumento da pressão arterial, da taxa de agregação das plaquetas, do estado inflamatório do organismo leva ao desgaste do sistema circulatório e sabidamente eleva a chance de infarto, AVC, doenças cardiovasculares em geral.

E o que acontece se acrescentarmos a esse padrão comportamental outros problemas, como sedentarismo e falta de sono?

Surge o temido *karoshi*, neologismo japonês que significa, literalmente, morrer de tanto trabalhar. Descrito na segunda metade do século XX, o *karoshi* foi identificado como um problema inicialmente no Japão, quando fatores socioeconômicos e culturais estenderam as jornadas de trabalho para absurdas 80, 100 horas semanais, transformando o expediente em maratonas de resistência. Além da competitividade, prazos, pressão e busca por reconhecimento, os empregados passavam cada vez mais tempo no escritório, sentados, fisicamente inativos. Sono e descanso tornaram-se insuficientes. De repente, jovens executivos, até então saudáveis, começaram a ter mortes súbitas, não raras vezes nas próprias mesas de trabalho. Invariavelmente, as causas eram eventos cardiovasculares.

Nosso corpo tem limites. A exaustão, o *burnout*, o *karoshi* vêm quando, por um motivo ou outro, tentamos ignorá-los. Na comédia *Tudo o que você sempre quis saber sobre sexo (mas tinha medo de perguntar)*, que Woody Allen adaptou do (sério) livro homônimo – para desgosto do autor –, há um personagem corcunda, estrábico, claudicante, com múltiplas deficiências. Ele ficou assim depois de um orgasmo. O problema é que ele durou várias horas ininterruptas.

Não é só o desgaste do trabalho que mata. Até o que dá prazer, alerta a piada, esbarra em nossos limites físicos.

(Artigo publicado na edição 307, fevereiro de 2017)

***

Complementando:

"O termo é hoje algo controverso, por conta de seus critérios muito genéricos. Embora os estudos originais fossem sérios, o *rigor do método científico aumentou com o tempo, empurrando o conceito de personalidade tipo A para fora do universo científico".*

Com o limite de espaço numa coluna – e com o limite de tempo do leitor –, sempre temos que fazer escolhas sobre em que focar um texto, na maioria das vezes deixando de nos aprofundar em temas colaterais que renderiam bastante. No caso desse artigo, por exemplo, um leitor atento ficaria com a dúvida: qual a controvérsia que cerca a proposta da personalidade tipo A e B? Vale a pena agora colocar nosso foco nesse aspecto instigante não trabalhado na coluna original.

O principal debate diz respeito à própria dificuldade de encontrar um modelo para a personalidade humana, cujas tentativas são antigas e diversas. Da Antiguidade, em que babilônios e gregos propunham a influência dos astros nos humores corporais, até os tempos atuais, em que traumas infantis ou neurotransmissores são apontados por terapeutas e neurocientistas, simplesmente não existe uma maneira completa e definitiva de enquadrar nosso jeito de ser.

A origem do termo já entrega a dificuldade: *persona* eram as máscaras do teatro grego, que mostravam uma expressão – riso ou choro, por exemplo –, mas por trás das quais havia uma personagem mais complexa do que sua aparência. Personalidade é um conjunto imenso: somam-se os aspectos presentes na nossa interação com os outros (o que de nós pode ser conhecido e apreendido), com aspectos internos, como nossa forma de sentir, pensar e reagir. Multiplique esse padrão por sete bilhões de indivíduos e veremos o desafio de criar modelos que agreguem todos os seres humanos. Resumir tudo a dois tipos de pessoas, tipo A e tipo B, parece algo reducionista de fato.

Mesmo com tal dificuldade, contudo, é possível identificar algumas características que explicam padrões gerais de comportamentos e emoções. Atualmente, um dos modelos mais aceitos é o que estabelece haver cinco fatores presentes em maior ou menor grau nas pessoas, classificando a personalidade a partir deles:

- Neuroticismo – tendência a experimentar emoções negativas, como raiva e tristeza, e apresentar alta sensibilidade interpessoal.
- Extroversão – inclinação a buscar companhia alheia, gosto pela comunicação, estilo dominante.
- Amabilidade (por vezes traduzida como agradabilidade) – capacidade de cooperar, concordar com os outros em lugar de se impor, estabelecer confiança.
- Conscienciosidade – autocontrole, disciplina, foco em objetivos, organização.
- Abertura – grande criatividade, imaginação, com curiosidade e interesse pelo novo.

Como em toda proposta até hoje – e provavelmente como em todas as que virão –, existem lacunas nesse modelo. Mas uma de suas grandes vantagens é a possibilidade de transformá-lo em questionários padronizáveis e replicáveis, permitindo estudos científicos.

Em 2018, foi publicada uma pesquisa com base nesses cinco fatores estudando nada menos do que um milhão e meio de pessoas. Nunca uma escala dessa magnitude havia sido atingida em avaliações de personalidade, o que traz uma enorme vantagem em termos de robustez para o estudo. A partir de questionários *on-line*, os cientistas conseguiram identificar quatro grandes tipos de personalidade com base nesses cinco traços. O *mediano*, com alto grau de neuroticismo e extroversão, além de baixa abertura – o que bate com nossa impressão sobre a média das pessoas, afinal. O tipo *autocentrado*, caracterizado por grande extroversão e baixas abertura, amabilidade e conscienciosidade. Mulheres acima de 15 anos eram exceção nesse grupo, que tinha predomínio de meninos jovens (a expressão *boys being boys* nunca fez tanto sentido para mim). O tipo *reservado*, sem índices elevados de extroversão nem neuroticismo, emocionalmente estável, com boas amabilidade e conscienciosidade. E, por fim, o tipo *modelo* – assim chamado por reunir modelos mesmo: baixo índice de neuroticismo e altos índices das demais características, formando bons líderes. Não por acaso, nesse grupo havia uma quantidade maior de mulheres e de pessoas mais velhas.

Certamente não é a resposta definitiva para a classificação da personalidade das pessoas – até porque, os próprios resultados mostram que nossas características mudam com o tempo e a experiência. Mas observar padrões em nós mesmos – sejam naturais ou arbitrariamente delimitados – será sempre útil para nos aprofundarmos na compreensão desse complexo ser chamado humano.

Referência

GERLACH, M. *et al.* "A robust data-driven approach identifies four personality types across four large data sets". *Nat Hum Behav*, 2, 2018, pp. 735-742.

2

HIGIENE DE UNS, TRAGÉDIA DE OUTROS

Uma das diferenças entre mitos e lendas é que, enquanto as lendas tratam de mistérios locais, os mitos tratam de verdades universais. Por isso a religião dos antigos gregos até hoje mantém a relevância de suas narrativas – a mitologia grega.

Vejamos o caso de Asclépio, deus da medicina. Ele casou-se com Epíone, deusa do alívio das dores, e, entre outros filhos, eles tiveram Panaceia e Higeia. A primeira era a deusa da medicação e da cura, ao passo que sua irmã era a deusa da saúde, da limpeza e da higiene. Ao contrário do resto da família, todos dedicados aos processos curativos, Higeia estava associada à prevenção das doenças e à manutenção da saúde.

A história capta a essência do trabalho do médico, que tem no alívio da dor sua função principal – auxiliado pelas medicações – e que orienta medidas higiênicas para manter a saúde. Não por acaso, há séculos os médicos juram, quando de sua formatura, "por Apolo médico, por Higeia, por Panaceia", talvez para se lembrarem desses fundamentos.

Se ninguém questiona a importância da higiene, qual o problema do higienismo?

No século XIX, após a consolidação dos Estados soberanos, o mundo entrou num grande processo de urbanização, na maioria das vezes desordenada e insalubre, causando problemas sanitários e sociais. Os governos, percebendo que não conseguiriam alcançar a prosperidade sem cidadãos saudáveis, encontraram na medicina as ferramentas para tanto. Os médicos foram lembrados da importância de Higeia e passaram a dar ênfase a medidas preventivas e sanitárias. E, de fato, o foco na higiene fomentou avanços como canalização e tratamento de esgoto, aterros sanitários, cuidados com gestantes e recém-nascidos, vacinações.

Então por que tanta gente fala de higienismo como se fosse uma ofensa? Mesmo que muitos falem sem saber o que estão criticando, apesar de a higiene não ser ruim, o higienismo pode, sim, ser perigoso.

O problema começa quando constatamos que, por vivermos numa coletividade, o comportamento de um influencia a vida do outro. Se só eu vacinar meus filhos, a eficácia é muito menor do que se todos ao meu entorno vacinarem os seus. Se meus vizinhos não acomodam o lixo adequadamente, minha família sofre as consequências. Para garantir a saúde, portanto, as medidas higiênicas devem ser coletivamente adotadas. Mas, quando dependemos de ações de todos, raramente obtemos resultados espontaneamente. Se há necessidade de esforços pessoais para garantir um bem coletivo – como é o caso da saúde pública –, a tendência é que o custo supere o benefício em termos individuais.

Pense na falta de água: a pessoa tem que fazer força para economizar, se reorganizar, controlar a família, um desgaste e tanto. Mas o impacto de uma casa apenas, levando em conta o tamanho das represas, é praticamente desprezível. Meu preço pessoal é muito alto para minha baixa contribuição coletiva. E como todos pensam assim, caminhamos para uma tragédia. A "tragédia dos comuns", como descreveu o ecologista Garrett Hardin na revista *Science* em 1968. Ele mostrou que não existem soluções técnicas para essas situações, o que se pode demonstrar com a teoria dos jogos. A ação puramente racional, que independe da colaboração do outro, leva-nos inevitavelmente à ruína. A saída é a adoção de soluções morais, não técnicas – incentivar a cooperação e punir o egoísmo –, o que só é possível por meio de uma autoridade.

É aí que mora o perigo do higienismo. Quando o Estado precisa se envolver com a vida privada para garantir um bem coletivo, há um conflito de valores. Liberdade *versus* coletividade. Mas como garantir a cooperação mantendo a liberdade, já que "indivíduos presos na lógica dos bens comuns só são livres para trazer a ruína universal", como concluiu Hardin há meio século? O problema do higienismo não é a busca por higiene, mas os abusos autoritários que ela pode justificar.

A solução pode estar novamente com os gregos. Se não em sua mitologia, em sua filosofia, pois Aristóteles já ensinava há milênios que a virtude estava no meio.

Na dúvida, consulte os gregos.

(Artigo publicado na edição 308, março de 2017)

***

Complementando:

"Então por que tanta gente fala de higienismo como se fosse uma ofensa? Mesmo que muitos falem sem saber o que estão criticando, apesar de a higiene não ser ruim, o higienismo pode, sim, ser perigoso".

Artigos que toquem em temas potencialmente inflamáveis, como política e saúde, sempre correm o risco de ser mal interpretados. Nesse texto, comentando uma reportagem sobre medidas higienistas nas cidades, procurei dar um enfoque que independesse da orientação política do leitor, como é praxe em minha escrita. Não é fácil, contudo, pois encontrar o ponto justo de intervenção do Estado na vida privada dos cidadãos, de modo a garantir a saúde coletiva sem invadir a privacidade individual, é apenas um dos desafios quando nos debruçamos sobre os riscos do higienismo. Existe outro que, embora nos pareça superado, espreita-nos a todo tempo na dobra da esquina da história: a confusão de termos entre o que é saudável e o que é moralmente desejável.

Do ponto de vista médico, muitas vezes é fácil determinar o que é saudável utilizando algum critério objetivo; por exemplo, aquilo que aumenta a chance de sobrevivência, que traz vantagens, que amplia a liberdade e a autonomia – tudo isso pode ser chamado de saudável. Mas, do ponto de vista social, como definir o que é o melhor para os cidadãos? Além de ter critérios muito mais subjetivos, isso facilmente escorrega para escolhas morais (pensando, aqui, em moral como os valores que escolho para nortear minha vida). Não por acaso, o movimento higienista foi influenciado pelo movimento pela pureza social e esteve intimamente ligado ao movimento eugenista, ambos com objetivo de eliminar da sociedade o que era considerado indesejável, da prostituição e dos vícios à miscigenação e à impureza racial.

Mas por que é tão fácil confundir o que é saudável com o que é puro?

Segundo a Teoria dos Fundamentos Morais, todas as nossas intuições sobre certo e errado são abstrações que nosso cérebro derivou de contingências que, em nossa história evolutiva, favoreceram nossa sobrevivência. O valor da bondade e a condenação da violência, por exemplo, seriam decorrência da grande vantagem que nossos antepassados tinham quando cuidavam uns dos outros. Na mesma linha, aqueles de nós inclinados à vida em grupo tinham muito mais chance de sobreviver, inscrevendo em nossas mentes o valor da lealdade intragrupo. O valor da santidade, da pureza, da não contaminação teria, então, surgido como uma proteção contra o que é degradado, sujo, que vale tanto para o biológico como para o psicológico. Puro se torna sinônimo de moral; saudável, sinônimo de correto – e, sobre essa tendência que temos a rejeitar o que é impuro, as sociedades constroem seus tabus. Podemos ver o quanto eles são culturais quando comparamos hábitos alimentares ou regras de etiqueta entre culturas diferentes e notamos que coisas que são condenáveis em um lugar podem muito bem ser aceitas em outros.

E esse é o outro grande perigo do higienismo: quando inadvertidamente confundimos o que é saudável com o que é moralmente correto é grande o risco de usarmos argumentos pretensamente científicos para impor padrões morais à sociedade. A consequência disso, a história da eugenia está aí para não nos deixar esquecer.

Referência

HAIDT, J. "The new synthesis in moral psychology". *Science*, 316, n. 5.827, May 18, 2007, pp. 998-1.002.

3

OS POMBOS DE SKINNER VÃO A SPRINGFIELD

Todo mundo adora fofocar sobre a vida das celebridades. Falar sobre casamentos, viagens e salários dos famosos sempre rende boa audiência. Expor os problemas, então, faz ainda mais sucesso – brigas, divórcios e internações em clínicas são fonte inesgotável de assunto. Há um seriado, por exemplo, que expõe o drama de sua protagonista sem o menor pudor. Ela é viciada em jogo. Trata-se de uma das séries mais longevas da história. O nome da jogadora patológica? Marge Simpson.

Com o brilhantismo que lhe é peculiar, Os Simpsons abordaram o tema da dependência de jogo no início dos anos 1990, no décimo episódio da quinta temporada da série. E a forma como o fizeram mostra um pouco por que o jogo pode se tornar um vício tão grave como o de qualquer droga. Tudo começou depois que um cassino foi construído em Springfield, com a justificativa de movimentar sua combalida economia. Marge vai até lá para buscar Homer em seu novo trabalho (ele arranjara um emprego de crupiê) e encontra uma moeda no chão. Por brincadeira resolve colocá-la num caça-níqueis e tem a sorte, ou o azar, de ser premiada com uns trocados. É o que basta para despertar nela a vontade de jogar novamente. Claro que não ganha nada logo em seguida, e por isso tenta novamente. E de novo, de novo, passando horas, dias, semanas diante da máquina. No fim das contas, Homer a insta a admitir ter um problema com jogo. "Está certo, talvez eu devesse procurar ajuda profissional", diz ela. "Não, é muito caro", reage Homer. "Apenas não faça mais isso", conclui com sua inteligência de sempre.

Essa sequência resume um dos aspectos mais viciantes do jogo – relevado em todo o seu poder nos caça-níqueis: o reforço intermitente.

Em 1948, B. F. Skinner, um dos psicólogos mais influentes da história, publicou um artigo chamado "Superstição nos pombos", no qual mostrava a força desse tipo de reforço intermitente. No experimento ele colocava pombos em caixas programadas para dispensar uma pelota de ração a cada 15 segundos, independentemente do que os bichos fizessem. Durante vários dias seguidos, oito pombos eram colocados nessa caixa, um por vez, durante alguns minutos. Após vários dias, cada pombo tinha desenvolvido uma mania diferente: um se balançava, outro dava três voltas a cada 15 segundos, um dava saltinhos. Eles adquiriam essa espécie de superstição porque, o que quer que estivessem fazendo – por mero acaso –, na primeira vez que surgia a ração, tendiam a continuar fazendo. O aparecimento da comida reforçava aquele comportamento, que era repetido. E, cada vez que a comida surgia, mais forte se tornava a associação enganosa que as aves faziam com seus rituais.

Não satisfeito, Skinner aumentou o intervalo entre as rações para um minuto em algumas das caixas. Com isso, os comportamentos supersticiosos se tornaram ainda mais intensos. E, quando a ração foi suspensa, eles demoraram muito mais a cessar – um dos pombos pulou por mais de 10 mil vezes antes de desistir. Faz sentido. Se algo traz sempre uma recompensa, quando esta acaba, não se demora a notar que a festa acabou. Mas quando o prêmio às vezes vem, outras não, a tendência é persistir mais tempo no comportamento, esperando que ele ainda renda frutos em algum momento.

Dá para notar o paralelo perfeito com o caça-níqueis, não? A pobre Marge Simpson, sentada diante da máquina, nada mais é do que a versão com pele amarela e cabelo azul de um pombo do Skinner. Cada vez que põe uma moeda e puxa a alavanca, acredita que está fazendo algo que lhe renderá uns trocados. Eventualmente ela acerta. O que só lhe dá mais convicção de continuar tentando até a próxima – sem notar que esse intervalo lhe custa mais do que ela jamais ganhará.

(Artigo publicado na edição 309, abril de 2017)

**

Complementando:

"Faz sentido. Se algo traz sempre uma recompensa, quando esta acaba, não se demora a notar que a festa acabou. Mas quando o prêmio às vezes vem, outras não, a tendência é persistir mais tempo no comportamento, esperando que ele ainda renda frutos nalgum momento".

Se você só tem um artigo para abordar o tema do jogo, não tem muito como fugir dos mecanismos cerebrais envolvidos e os consequentes riscos de dependência. Mas assim que surge uma segunda chance é muito tentador dar outro ponto de vista, mostrando alguns de seus aspectos positivos, como é o caso da gamificação.

Embora jogar seja uma das atividades mais antigas dos seres humanos – os registros arqueológicos datam de milênios –, foi só no século XXI que as estratégias e mecânicas presentes nessas atividades passaram a ser estudadas e empregadas para aumentar propositalmente o engajamento das pessoas nas mais diversas atividades.

Nem precisamos definir o que é um jogo para intuir algumas de suas características essenciais: atividades físicas ou mentais marcadas por regras definidas e comuns aos jogadores, requerendo emprego de habilidades específicas para a realização de determinadas tarefas, cujos resultados são verificáveis e comparáveis, terminando em alguma forma de pontuação e ranqueamento. Existem jogos cooperativos, em que todos ganham ou todos perdem, mas, mesmo nesses, é preciso alcançar objetivos predeterminados para saber se o time é ou não vencedor.

Os jogos podem realmente se tornar viciantes por conta da recompensa que a vitória traz. Quando um apostador ganha, mesmo que pouco, o cérebro registra aquele elemento como prazeroso e importante, disparando o desejo de que o comportamento se repita. Os jogos mais viciantes são aqueles que, como Skinner fez com seus pombos, oferecem recompensas num regime de intervalos, não de forma contínua, engajando o jogador no comportamento repetitivo em busca do prêmio. Se, por um lado, esse é um risco inerente a qualquer atividade que dê prazer – não à toa há dependentes de comida, de sexo, de afeto –, por outro, essa característica pode ser usada a nosso favor.

O cérebro é tão sensível a esse tipo de reforço comportamental que a partir dos anos 2000, principalmente, diversas atividades humanas passaram a utilizar deliberadamente a lógica dos jogos para estimular as pessoas a se manterem engajadas. Desde o programa de milhas das companhias aéreas até o acúmulo de *likes* nas redes sociais, passando pelos *rankings* de estudantes em *sites* de ensino de idiomas ou medalhas oferecidas por aplicativos de corrida, quando somos recompensados de forma intermitente por algum comportamento, a tendência instintiva é querer repeti-lo. Mas nem só de escores vive a gamificação. Preste atenção: qualquer *site* ou aplicativo que monitore seu desempenho em alguma atividade, ofereça *feedbacks* sobre o progresso e ajuste o nível de desafio conforme você avança está utilizando estratégias derivadas de jogos para ajudá-lo a aumentar suas habilidades – e seu engajamento.

Mudanças de comportamento, criação de novos hábitos, aquisição de conhecimento, desenvolvimento de capacidades diversas, tudo pode ser potencializado por meio da gamificação. Essas estratégias podem ser mal utilizadas, apenas para nos fazer gastar mais dinheiro ou tempo com coisas que não nos agregam? Infelizmente, podem. Mas daí a importância de conhecê-las e reconhecê-las quando são armadilhas postas em nosso caminho. Afinal, por mais parecidos que sejamos com eles, nós não somos pombos presos numa caixa.

Referência

HAMARI, J.; KOIVISTO, J. & SARSA, H. "Does Gamification Work? – A Literature Review of Empirical Studies on Gamification". 47th Hawaii International Conference on System Sciences, 2014, pp. 3.025-3.034.

4

OS FANTASMAS DOS VIADUTOS PAULISTANOS

O viaduto do Chá foi o primeiro viaduto da cidade de São Paulo – e certamente um dos primeiros do Brasil. Após muita polêmica durante sua construção, com bloqueio de obras pelos moradores, idas e vindas aos responsáveis pelo financiamento, foi finalmente inaugurado em 1892, tornando-se imediatamente um cartão-postal da cidade. Muito pouco tempo depois de ser inaugurado, contudo, já nos primeiros anos do século XX, sem que ninguém soubesse exatamente por quê, algumas pessoas começaram a se atirar lá de cima. O cenário paulistano piorou em 1913, com a inauguração do viaduto Santa Ifigênia, também no centro de São Paulo, que passou a rivalizar com o primeiro o posto de principal local de suicídios do país. Até hoje há pessoas que saltam desses lugares, e, na falta de explicação melhor, muitos creem tratar-se de locais mal-assombrados ou carregados de energias negativas.

Mas não é preciso invocar fantasmas para compreender essa história. Conhecer um pouco sobre o comportamento complexo que é o suicídio ajuda a explicar esse mistério da *belle époque* paulistana.

Nosso instinto de sobrevivência é tão forte e arraigado que o suicídio desafia nossa compreensão – é um tanto perturbador saber que, voluntariamente, é possível superar o impulso de vida. A existência tem que ter se tornado intolerável por algum motivo – seja uma situação sem saída, um evento extremamente traumático, uma perspectiva sombria – para que alguém chegue a tanto. E, ainda assim, normalmente isso não basta. Nessas situações extremas é comum que as pessoas contemplem a ideia de se matar, mas poucos passam dos pensamentos aos planos, e menos ainda dos planos à ação.

Um dos fatores mais importantes nessa escalada é a presença de um transtorno mental. Estima-se que, na maioria dos casos de morte intencional – até 90% segundo alguns estudos –, haja a presença de algum diagnóstico psiquiátrico. Frequentemente, fases depressivas graves, além de dependência de álcool ou outras drogas. Mas, ainda assim, a maioria das pessoas em depressão ou com dependência química não se mata. A doença é apenas mais um elo da cadeia – geralmente necessário, mas quase nunca suficiente.

É preciso ainda mais um fator, algo tão óbvio que quase não nos damos conta: há que se ter acesso a um meio letal. Maior será o risco se, além de ser acessível, tal meio for visto como eficaz e indolor. E aqui já começamos a compreender o apelo que têm as pontes e os viadutos – qualquer um consegue facilmente chegar até eles, a queda usualmente é fatal, e as pessoas acreditam que seja uma morte indolor (o que nem sempre é verdade). Existem muitas outras formas de morrer, é evidente. Mas todo comportamento se torna mais frequente quanto mais fácil for adotá-lo – e o comportamento suicida não é diferente. Tanto é assim que um levantamento feito na Suíça encontrou uma relação direta entre a presença de pontes altas e o número de suicídios em diversas regiões do país – na época, os cientistas estimaram que dois terços das mortes seriam evitados se não houvesse meio de pular daquelas pontes, e apenas um terço das pessoas teria tentado métodos alternativos.

Se essa tríade – doença mental grave, situação crítica e acesso a meios letais – aumenta exponencialmente o risco de suicídio, há um último elemento do psiquismo humano que é preciso levar em conta no mistério dos viadutos paulistanos. É nossa tendência a seguir exemplos. Nós somos seres sociais e nos espelhamos e inspiramos (às vezes mais, às vezes menos) em nossos semelhantes, o que confere a nossos comportamentos algo de contagioso. Inclusive ao comportamento suicida. São famosos os pontos de suicídio ao longo do mundo, como a ponte Golden Gate, nos EUA, a floresta Aokigahara, no Japão, ou a ponte Nanjing sobre o rio Yangtze, na China. De alguma maneira, as pessoas que decidem se matar buscam esses lugares porque outras pessoas o fizeram, alimentando um círculo vicioso macabro.

Esqueçamos, então, os fantasmas sobre os viadutos de São Paulo. Para prevenir o próximo pulo não é preciso exorcistas. Se reduzirmos o preconceito com as doenças mentais e oferecermos assistência para todos os que precisarem, e se, como sociedade, formos capazes de oferecer esperança para as pessoas, os viadutos podem ficar em paz – e em pé – que nenhum mau espírito empurrará ninguém lá de cima.

(Artigo publicado na edição 310, maio de 2017)

***

Complementando:

"Nós somos seres sociais e nos espelhamos e inspiramos (às vezes mais, às vezes menos) em nossos semelhantes, o que

confere a nossos comportamentos algo de contagioso. Inclusive ao comportamento suicida".

A história é famosa. Tão famosa que não sei como não a citei no artigo. Ela é inclusive o marco inicial de uma escola literária das mais influentes no mundo. Um jovem apaixonado por uma moça idealizada sofre por não poder levar a cabo seu amor. Mesmo sendo correspondido, a garota é prometida para outro homem, com quem se casará. O rapaz escreve cartas contando sua história de dor, afirmando, inclusive, que dará cabo de sua vida, sem poupar detalhes. Finalmente, ele se mata, de fato, com um tiro na cabeça. Trata-se da trama de *Os sofrimentos do jovem Werther*, com o qual Goethe inaugurou o Romantismo (que séculos mais tarde desembocará na estética da sofrência, mas essa é outra história).

O sucesso da obra foi tremendo, havendo relatos de uma onda de suicídios entre rapazes jovens europeus, frequentemente usando roupas semelhantes às do protagonista, por vezes segurando uma cópia do livro. Hoje em dia é difícil precisar o tamanho do impacto da publicação e diferenciar os fatos dos rumores, mas a verdade é que o fenômeno impressionou tanto a sociedade que deu origem ao termo "Efeito Werther" para designar o aumento de suicídios após a divulgação estrepitosa de um caso. Por décadas esse tipo de ocorrência mal era noticiado, por receio de que levasse a novas ondas.

Desde então, o fenômeno vem sendo estudado mundo afora, e hoje existem poucas dúvidas de que, ainda que não seja avassaladora, há, sim, uma influência das representações de suicídio na mídia, ficcional ou não, e a ocorrência de tal comportamento na sociedade. Em 2021, um estudo na Coreia do Sul, país com mais casos de suicídio entre os membros da

OCDE desde 2013, coligiu dados de pouco mais de uma década de suicídios no país. Correlacionando-os com a cobertura de casos de celebridades que se mataram, identificaram uma clara associação, apontando um aumento de 16,4% de suicídios no dia seguinte à divulgação do caso, inclusive com imitação do método utilizado. Assim como ocorrera com Werther, a influência era maior sobre jovens do mesmo gênero da celebridade morta. Poucos anos antes, um estudo americano apontara um aumento de suicídios entre jovens de 10 a 19 anos, meses após a veiculação da série *13 Reasons Why*, que relatava 13 razões pelas quais a protagonista resolvera dar fim à própria vida e cujo suicídio era mostrado no último episódio. Os pesquisadores atribuíram mais de cem suicídios à influência do seriado.

Quando estamos emocionalmente bem, otimistas, satisfeitos de forma geral, é difícil acreditar que uma obra de ficção ou uma notícia possam levar alguém a acabar com a própria vida. Mas é preciso lembrar que as pessoas que optam por esse caminho já estavam à beira do precipício, sofrendo com a luta interna entre o instinto de sobrevivência e a dor de viver. Nesse momento, ver o suicídio ganhar holofotes na sociedade pode ser a casca de banana na beira do precipício.

Como sociedade, devemos, sim, ter cuidado com tais cascas de banana. Mas precisamos, ainda mais, evitar que as pessoas cheguem tão perto da beirada dos precipícios.

Referências

HA, J. & YANG, H.-S. "The Werther effect of celebrity suicides: Evidence from South Korea". *PLoS ONE*, 16(4): e0249896, 2021.

NIEDERKROTENTHALER, T. *et al.* "Association of increased youth suicides in the United States with the release of 13 reasons why". *JAMA Psychiatry*, 76, 2019, pp. 933-940.

5

MENTIRAS QUE OS HOMENS (E OS RATOS) CONTAM

O ser humano parece ter sido criado para contar e ouvir histórias. A figura dos homens das cavernas reunidos em volta de uma fogueira compartilhando lembranças antigas e recentes atravessa os tempos e chega até a família reunida em volta da TV, assistindo ao mais novo seriado. Talvez pela forma linear como a realidade se nos apresenta, o cérebro tenha predileção por essa forma narrativa – descrevê-la, com começo, meio e fim, inferindo relações de causa e efeito. Nesse caminho, surgem as diversas histórias que montamos em nossa cabeça para nos ajudar a lidar com o mundo. Mitos, artes, ciências. E as fábulas. Breves, elas traduzem de forma condensada aspectos da nossa vida, extraindo lições atemporais, que nossos avós ouviram de seus avós, e que certamente contaremos para nossos netos.

O mais famoso desses contadores de histórias foi Esopo, escravo grego cujas fábulas até hoje são recontadas. Uma das que me lembro de ter visto em meios diferentes, de desenho animado a livro ilustrado, é a do rato da cidade e o rato do campo. Cansado da vida urbana, um rato resolve visitar seu parente que mora no interior. Impressionado com a frugalidade da vida ali, convida o rato do campo para se refastelar com a abundância da urbe. O simplório parente aceita o convite, e, embora se admire das riquezas que encontra, fica muito assustado com os perigos que cercam a vida na cidade, após quase serem ambos devorados. Volta, então, para o campo, preferindo a vida simples, mas segura.

Não pretendo entrar na moral da história aqui – a urbanização é uma realidade irreversível. Mas uma trama paralela é a do comportamento oposto que dois ratinhos da mesma espécie – talvez até parentes – apresentam.

Há uma espécie de ratazana nos Estados Unidos que teve destino semelhante ao dos ratos do campo e da cidade: separadas pelas condições geográficas, parte morando nas pradarias, parte vivendo nos montes, desenvolveram comportamentos bastante diferentes. Os moradores dos prados são monogâmicos, tanto machos como fêmeas. O rato é o genro dos sonhos: fica ao lado da esposa, cuida dos filhos, protege a casa – até de forma agressiva se necessário. Já seus primos montanheses não seguem o mesmo modelo de comportamento, não formam pares monogâmicos nem estabelecem as mesmas ligações familiares.

Não sei se, enjoadas da vida que levavam, algumas ratazanas resolveram visitar um parente distante, como na fábula. Mas os cientistas conseguiram apresentar o estilo de vida de uns para os outros. Cientes de que os neurotransmissores oxitocina e vasopressina são importantes nesse comportamento afiliativo, resolveram dissecar os cérebros desses roedores e descobriram que, a despeito de haver ali níveis semelhantes dessas substâncias, os monogâmicos tinham um número muito maior de receptores para elas. O cérebro dos polígamos, ao contrário, tinha poucos receptores. Com isso, as moléculas eram mais ativas nos primeiros do que nos segundos. Para se certificarem de que essa era a origem da diferença, os pesquisadores injetaram um vírus carregando instruções genéticas para fabricar os tais receptores nos ratos das montanhas, aqueles menos comportados. Eis que eles se transformaram, tornando--se pais e maridos bem mais exemplares. Como se não bastasse, os cientistas também bloquearam quimicamente os receptores nos ratos das pradarias – o que foi suficiente para os bons--moços largarem as famílias.

Mas como a vida real não é simples como as fábulas, mais se parecendo com as tragédias gregas, uma última virada aconteceu nessa história. Testes genéticos de paternidade mostraram que mesmo os pacatos ratos das pradarias tinham filhos fora de seu lar. Eram socialmente monogâmicos, mas sexualmente, nem tanto. Os cientistas que descobriram isso concluíram que, "ironicamente, a dissociação entre fidelidade social e sexual nos levou a sugerir que as ratazanas das pradarias são modelos ainda melhores das relações humanas do que previamente proposto".

(Artigo publicado na edição 311, junho de 2017)

***

Complementando:

"[...] os neurotransmissores oxitocina e vasopressina são importantes nesse comportamento afiliativo [...]".

A primeira coisa que me chamou atenção quando aprendi sobre a oxitocina na faculdade foram os momentos em que ela era liberada: durante a relação sexual, durante o parto e durante a amamentação. Era muito amor envolvido. E, de fato, muitos experimentos como o citado na coluna comprovam que esse neurotransmissor está totalmente ligado aos comportamentos afiliativos, aqueles que promovem a coesão do grupo a partir do reforço dos vínculos afetivos. Os roedores das montanhas e das pradarias que o digam.

Os estudos com administração dessas moléculas têm resultados interessantes, desde o aumento da confiança entre as pessoas até a melhora de sintomas centrais do autismo: pacientes com esse transtorno do desenvolvimento neuronal apresentam dificuldades na interação social em vários níveis, desde déficits na comunicação até prejuízos na interação social, levando muitas vezes a dificuldades na integração de seus portadores. A capacidade da oxitocina de modular o comportamento social, melhorando a cognição social, a tendência à cooperação, levou cientistas a propor sua administração para pessoas neurodivergentes, o que vem se mostrando útil na melhora desses sintomas centrais de acordo com grandes revisões da literatura médica.

Como tudo, no entanto, essa eficácia tem um preço – sobre o qual pouco se discute e sobre o qual eu mesmo não falei no artigo. Pare e pense: qual seria o custo do aumento da ligação entre as pessoas próximas? Acertou quem pensou na diminuição da ligação com as pessoas distantes.

Há muito é conhecido o viés de favoritismo intragrupal, que nos faz avaliar de forma diferente aqueles que consideramos como parte de nossa tribo. As pessoas de fora são vistas sistematicamente por um viés mais negativo, levando a resultados como preconceito, estereotipagem e discriminação. E, sim, podem ser estimuladas pela mesma oxitocina, uma vez que ela aumenta a sensação de pertencimento, o desejo de cooperação com o grupo e, como consequência – ainda que em menor intensidade –, a competição com outros grupos. Pessoas recebendo oxitocina de forma experimental mentiram mais em favor dos seus, esperando ainda receber a desonestidade recíproca se precisassem.

É evidente que essas bases biológicas não justificam coisas como xenofobia ou racismo. O ser humano evoluiu num ambiente em que o encontro com grupos diferentes era tenso e potencialmente ameaçador, fosse em razão de disputas por parcos recursos, fosse pelo risco de doenças infecciosas de outras tribos. Mas há muito tempo o desenvolvimento do nosso córtex pré-frontal, que nos permitiu organizar a civilização como a conhecemos, nos colocou acima de nossos instintos. Agir de acordo com instintos primitivos, portanto, é como se colocar de fora da grande tribo humana que construímos.

Referências

CARSTEN K. W. De D. & MARISKA, E. K. "Oxytocin Conditions Intergroup Relations Through Upregulated In-Group Empathy, Cooperation, Conformity, and Defense". *Biological Psychiatry*, vol. 79, Issue 3, 2016, pp. 165-173.

YI, H. *et al.* "Intranasal oxytocin in the treatment of autism spectrum disorders: A multilevel meta-analysis". *Neuroscience & Biobehavioral Reviews*, vol. 122, 2021, pp. 18-27.

6
A CIÊNCIA COMO ARMA CONTRA A PÓS-VERDADE

Todos os anos o *Oxford English Dictionary* (OED) elege a palavra do ano, escolhendo uma que tenha sido relevante durante o período, de alguma forma sintetizando o espírito dos últimos meses. Em 2016 a eleita foi uma palavra que viu sua fama explodir graças a eventos como o Brexit e a eleição de Donald Trump para a Presidência dos EUA. Para tentar explicar esses dois eventos surpreendentes as pessoas invocaram como nunca a expressão "pós-verdade". Sua ocorrência aumentou mais de 2.000% em um ano.

Cunhada nos anos 1990 e alçada à fama em 2016, pós-verdade se refere a "circunstâncias nas quais fatos objetivos são menos influentes em formar a opinião pública do que apelos à emoção e a crenças pessoais", segundo o próprio OED. A estratégia dos defensores do Brexit e a campanha de notícias falsas feita por Trump foram os exemplos máximos – ideias com alto teor emocional, que reforçavam a visão de mundo das pessoas, eram ventiladas e sustentadas mesmo diante de evidências em contrário. O desprezo pela verdade, mais do que a valorização da mentira, caracteriza a pós-verdade.

Paradoxalmente, o avanço do conhecimento, que deveria se contrapor a tal estratégia, parece fomentá-la. Quanto mais informações, mais difícil parece ser lidar com todas elas. Diante da complexidade do mundo, refugiar-se no que nos parece fazer sentido intuitivamente é uma saída rápida e tranquilizadora. Pena que leve a tantos descaminhos. Em 1986, o filósofo Harry Gordon Frankfurt publicou um ensaio chamado *On bullshit*, lançado em livro no Brasil com o título *Sobre falar merda*. *Bullshit*, Frankfurt define, é quando se fazem afirmações sem que sua verdade ou sua falsidade façam diferença. O objetivo é transmitir um ar de conhecimento, causar uma impressão – ou seja, impactar emocionalmente os interlocutores. As ocasiões em que isso acontece se multiplicam porque, segundo o filósofo, "é inevitável falar *bullshit* toda vez que as circunstâncias exijam de alguém falar sem saber o que está dizendo". Como parece que sabemos cada vez menos, o estrago está feito. A pós-verdade é a *bullshit* transplantada do contexto pessoal para o público. É a transformação de uma estratégia para obter vantagens numa para conseguir votos.

Embora o acúmulo do conhecimento possa contribuir para esse ocaso do pensamento crítico, o método científico poderia ser um bom antídoto.

O cérebro humano não foi preparado para, intuitivamente, lidar com a nossa realidade atual. Campanhas políticas, debates ideológicos, decisões de longo prazo – nada disso estava presente nas pressões evolutivas que moldaram nosso *hardware* neurológico. Ao contrário, as decisões precisavam ser rápidas, sob risco de não haver uma segunda chance, intuitivas, geralmente baseadas em consequências imediatas. As emoções são um instrumento muito útil para tanto – o alerta que o medo nos traz, a afiliação que o semelhante

provoca, tudo de extrema valia na luta pela sobrevivência.
Com esse aparato, contudo, somos incapazes de filtrar nossas distorções perceptivas, não conseguimos frear a tendência ao imediatismo, ficamos à mercê dos humores e afetos a nos turvar a razão.

O trunfo do método científico é admitir as limitações do cérebro humano e criar mecanismos para superá-las. Desde a descrição de materiais e métodos utilizados, passando pela utilização de controles e chegando ao uso das estatísticas para verificar se resultados que parecem verdadeiros não são fruto do mero acaso, a ciência bem-feita nos protege de nossos *bugs* cerebrais. Os experimentos colocam em xeque as hipóteses tentando negá-las, não confirmá-las.

Por isso, educar cientificamente não é apenas divulgar resultados de pesquisas, mas ensinar bases do método experimental. Porque quando estamos dispostos a suspender nossas convicções para pô-las à prova, buscando evidências não para provar uma ideia, mas para ver se ela resiste à tentativa de derrubá-la, nosso terreno mental fica bem menos fértil para as *bullshits* e pós-verdades que nos cercam.

(Artigo publicado na edição 312, julho de 2017)

***

Complementando:

"O trunfo do método científico é admitir as limitações do cérebro humano e criar mecanismos para superá-las. Desde a descrição de materiais e métodos utilizados, passando pela utilização de controles e chegando ao uso das estatísticas para verificar se resultados que parecem verdadeiros não são fruto do mero acaso, a ciência bem-feita nos protege de nossos bugs

cerebrais. Os experimentos colocam em xeque as hipóteses tentando negá-las, não confirmá-las".

Mal sabíamos, no longínquo 2016, quando "pós-verdade" foi eleita a palavra do ano pelo dicionário *Oxford*, o estrago que suas descendentes, as *fake news*, fariam no mundo.

Política à parte, um dos grandes motores por trás da proliferação das notícias falsas e dos boatos é nossa própria tendência a tomar como verdade aquilo que reforça nossas convicções prévias. O fenômeno faz parte da natureza humana e está presente mesmo nos cérebros mais privilegiados. É conhecido como viés de confirmação: a mania que temos de procurar e favorecer qualquer informação que confirme aquilo em que já acreditamos – e, pior, esquecer, desvalorizar ou simplesmente ignorar, conscientemente ou não, aquilo que nos confronta.

Um jogo de cartas criado na década de 1950 pelo matemático Robert Abbott, publicado pela primeira vez na revista *Scientific American*, mostra na prática como temos tendência a confirmar nossas hipóteses em vez de confrontá-las. O jogo se chama *Elêusis*, em referência aos mistérios cercando ritos gregos secretos. O mistério aqui é a regra criada por um dos jogadores, que rege a sequência de cartas. Ninguém sabe qual é, mas todos tentam descobrir baixando as cartas da sua mão. A regra pode ser simples, como: "A cada duas cartas pretas, baixar uma vermelha", por exemplo; ou: "As cartas vermelhas têm de ser pares, as pretas, ímpares".

Quando um jogador baixa uma ou mais cartas, ele pergunta se elas cumprem a regra misteriosa. Se sim, vai esvaziando sua mão e se aproximando do objetivo do jogo, que é "bater". Se não, ganha mais cartas como punição. Se alguém acha que descobriu a regra pode tentar enunciá-la, encerrando a rodada.

Mas o interessante é que, quando achamos que descobrimos a regra, frequentemente colocamos cartas que confirmem a nossa hipótese, e não que a coloquem em xeque, o que leva a grandes frustrações. Por exemplo: imagine que você vislumbrou na mesa o seguinte padrão: 2 vermelho, 4 preto, 6 vermelho, 8 preto... qual imaginaria ser a regra? E qual a próxima carta que baixaria para testá-la?

Se pensou em alternância de cores, a forma correta de testar a hipótese seria colocar uma carta preta, não vermelha. E se imaginou que a norma seja cartas sequenciais de dois em dois, como testá-la? Colocando um 10? Não, colocando qualquer outro número.

Eu, que sei a regra, lhe adianto que se você colocasse 10 teria acertado, e ficaria feliz achando que confirmara sua hipótese. O mesmo se baixasse uma carta vermelha – ela poderia ser adequada, e você acharia que tinha descoberto. Mas não. A regra correta era: "As cartas têm que ser em ordem crescente, independentemente das cores". Se você tivesse tentado derrubar, em vez de confirmar, sua hipótese, colocando uma carta preta ou uma ímpar, teria descoberto que a regra que havia imaginado não estava correta.

Nossa inclinação é olhar para a realidade não em busca de elementos que desafiem nossa visão de mundo, mas atrás daquilo que confirme que estamos certos. E assim caímos vítimas do viés de confirmação e acreditamos de bate-pronto em qualquer notícia, mensagem ou postagem que coincida com nossos pressupostos. Como alguém disse muito bem, se você recebe uma mensagem e não acredita nela imediatamente é porque ela não era destinada à sua bolha.

Daí o papel do método científico, que defendi como instrumento de combate à pós-verdade no artigo. Desenvolvido para corrigir os vieses cognitivos dos quais não conseguimos nos livrar, ele seria também uma excelente forma de conter a multiplicação das *fake news*. Se todo mundo tivesse a prática de justificar suas hipóteses, criar testes capazes de contestá-las, registrar e divulgar os resultados desses testes, certamente não haveria espaço para tanta mentira.

Sim, trata-se de uma postura contrária à nossa natureza. Justamente por isso divulgar o método científico nunca foi tão importante.

(As regras completas da versão mais moderna do jogo estão disponíveis em <https://bit.ly/regraseleusis>.)

Referência

GARDNER, M. "Mathematical Games". *Scientific American*, 200(6), 1959, pp. 160-172.

7

NÃO CONFIE EM SEU EU DO FUTURO

O cérebro humano amadurece muito devagar – sua maturação só é atingida no início da vida adulta, por volta dos 18 anos. E a última região cerebral a se desenvolver é o córtex frontal, responsável – entre outras coisas – por nos ajudar a controlar os comportamentos de acordo com as consequências futuras (Sim, jovens são biologicamente inconsequentes).

Mas não creio que seja só essa imaturidade o motivo pelo qual a Aids cresce nessa população. Nosso processamento mental é sujeito a diversas falhas em todas as idades. Dependendo do contexto em que nos encontramos, da existência de pressões para decidir, como escassez de tempo, e até de nossas condições físicas – como fome e sono –, falhamos miseravelmente em fazer as melhores escolhas.

Um dos exemplos mais conhecidos é o do contraste. Imagine que você vai comprar um computador por R$ 2.000,00, mas, ao chegar à loja, o vendedor lhe diz que no dia seguinte o mesmo aparelho custará R$ 1.500,00. Você espera até lá? A maioria das pessoas, sim, já que é uma economia de 25%. Agora mudemos o cenário levemente: em vez de um computador, você irá comprar um carro de R$ 50.000,00. Na concessionária, o vendedor lhe diz algo semelhante: amanhã o mesmo veículo estará custando mais barato, apenas R$ 49.500,00. Nesse caso, vale a pena esperar? Embora sejam os mesmos R$ 500,00 de economia, a maioria das pessoas não espera, já que, por representar apenas 1% de economia, a quantidade de dinheiro poupado parece menor.

A epidemia de Aids entre os jovens pode, ao menos em parte, ser explicada por alguns desses nossos mecanismos cerebrais meio capengas. Penso em pelo menos dois: o desconto hiperbólico e a lacuna empática quente-frio.

Nós temos a incontrolável tendência a desvalorizar as consequências que demoram a chegar. É o tal desconto hiperbólico – a mania que temos de achar que R$ 100,00 agora são mais desejáveis que R$ 500,00 no ano que vem, ou que o bolo de chocolate agora é mais interessante que a boa forma no verão ou a saúde na velhice. Desdenhamos do que sabemos que irá demorar a acontecer, seja bom ou seja mau. Com isso, muitas vezes fazemos escolhas ruins no presente, das quais nos arrependeremos no futuro. Veja o caso da Aids: os reflexos na saúde, sobretudo com os tratamentos atuais, demoram demais a aparecer. Quando confrontados com a decisão de abrir mão do sexo por estar sem preservativo naquele momento ou enfrentar consequências décadas mais tarde, não é difícil entender por que tantos assumem os riscos e acabam se infectando com o vírus HIV.

Para piorar, quando estamos tranquilos nós não temos a mais vaga ideia de como nos comportaremos em situações afetivamente carregadas. É esse desconhecimento que chamamos lacuna empática quente-frio: trata-se de um buraco na nossa capacidade de nos colocarmos no lugar do outro – só que, no caso, o outro somos nós mesmos numa situação diferente. E a diferença é entre o estado frio, no qual, sem uma carga emocional, somos capazes de raciocinar claramente, e o quente, quando somos submetidos a alguma emoção que turva em parte nosso discernimento. Todos sabemos que é preciso usar preservativo; podemos ter convicção de que, se não estivermos protegidos, iremos evitar as relações sexuais. Mas a verdade é que não conhecemos nosso eu no estado quente. É quase como se ele fosse uma pessoa diferente – com a qual não podemos contar para defender nossos interesses.

Por isso, para nos proteger de nós mesmos, não adianta só fazer campanhas de conscientização. É preciso criar – com a cabeça fria – barreiras que não consigamos burlar no calor da hora. Como Ulisses se amarrou ao mastro ao atravessar o mar das sereias, precisamos de amigos que não nos deixem dirigir embriagados mesmo que fiquemos com raiva deles, de alarmes que não desliguem até sairmos da cama, e de parceiros conscientes de que, depois que o clima esquenta, não tem mais volta, então o melhor é não esquentar se não estivermos adequadamente preparados.

(Artigo publicado na edição 313, agosto de 2017)

***

Complementando:

"A epidemia de Aids entre os jovens pode, ao menos em parte, ser explicada por alguns desses nossos mecanismos cerebrais meio capengas".

Quando escrevi esse artigo a revista trazia uma matéria mostrando o aumento da Aids entre jovens. Na época a Aids era a única pandemia com a qual nos preocupávamos; nem desconfiávamos que dois anos depois, em 2019, surgiria a Covid-19, que se tornaria a grande pandemia de nossa geração. Ao menos por enquanto.

Assim como acontecia com o crescimento do HIV em jovens, a propagação da Covid-19 também ocorreu muito em função de nosso comportamento – os "mecanismos cerebrais capengas" voltaram a dar as caras nessa pandemia –, como, aliás, parece ser a regra entre as doenças infectocontagiosas.

Paradoxalmente, uma das coisas que mais agravaram a propagação do vírus Sars-COV-2 foi sua baixa gravidade em geral: o fato de, na maioria das vezes, a infecção ser leve criou uma barreira grande para que as pessoas se protegessem. O risco individual de haver uma complicação sempre foi, estatisticamente, pequeno. Mas mesmo uma pequena porcentagem de pessoas graves é suficiente para levar ao caos quando um grande número absoluto de pessoas adoece. Exatamente o que aconteceu nos piores momentos da Covid-19.

À época fiz uma analogia com o risco no trânsito. Embora o Brasil seja um dos campeões mundiais de mortes por acidentes automobilísticos, o risco individual obviamente é baixo: somos 200 milhões de pessoas andando pelas ruas, e morrem cerca de 100 pessoas por dia. Estatisticamente, a chance de você ser uma delas é irrisória, mas socialmente são milhares de mortes por ano, um custo altíssimo. E é um enorme desafio levar as pessoas a entender que, mesmo que algo não nos ameace diretamente, precisamos mudar hábitos para ficarmos seguros. Trata-se de mais uma versão da tragédia dos comuns, citada no capítulo 2 ("Higiene de uns, tragédia de outros"). Quando o preço é pago individualmente – usar cinto, usar máscara, isolar-se – para um benefício coletivo, existe um incentivo para a transgressão. Afinal, se só eu descumprir a regra, ganho a recompensa sozinho e o custo acaba diluído entre todos. Só que todos pensam assim, e a regra acaba tendo uma baixa adesão.

A analogia do cinto de segurança pode ser útil não apenas para descrever o fenômeno, mas também para encontrar soluções. Pois nós passamos a usar o cinto não por conta de campanhas de conscientização, mas pelo aumento do custo associado à sua não utilização: motoristas infratores passaram a receber multas pesadas, e rapidamente. Com isso, o custo da transgressão deixou de ser transferido apenas para a coletividade e passou a ser também do sujeito transgressor. Não por acaso, o uso de máscaras teve de se tornar obrigatório na pandemia da Covid-19 – e, dia sim, outro também, a força policial precisou entrar em cena para interromper festas clandestinas.

Parece que como Garrett Hardins afirmara já em seu artigo original, existem problemas para os quais não há soluções técnicas, dependo de soluções morais. Garantir a cooperação em detrimento do egoísmo em meio às pandemias parece ser um deles.

Referência

HARDINS, G. *The Tragedy of the Commons Science*, 13, 1968, pp. 1.243--1.248.

8

ATENÇÃO PARA AS CARICATURAS DE NÓS MESMOS

Cansados de tanto adocicar a realidade com tons pastel, em meados do século XIX os escritores começaram a retratá-la de forma mais nua e crua, abandonando as convenções românticas que eram tão úteis para cobrir o estado das coisas quanto são as peneiras para tapar o Sol. Surgiam o realismo e o naturalismo, cujo objetivo era menos louvar o belo do que denunciar o feio.

    Um dos expoentes desse período foi o russo-ucraniano Nikolai Gogol, cujos romances e contos aliam características do realismo com uma boa dose de surrealismo. Apesar de parecer contraditório, o fato é que o absurdo, o ilógico ou exagerado e a caricatura não têm nele o objetivo de afastar da realidade. São, antes, formas de torná-la mais visível. Essa, aliás, é uma das principais funções da caricatura: a partir do momento em que ela ressalta determinada característica aos nossos olhos, passamos a enxergar como aquele traço é importante. Tanto faz se é um desenho distorcido, uma atuação afetada ou uma descrição exagerada – a caricatura nos faz abrir os olhos.

No romance *Almas mortas*, Gogol descreve o personagem Plyushkin, um proprietário rural que, após a morte da esposa, passa a guardar tudo o que encontra. Mesmo sendo ele também uma caricatura, talvez seja o primeiro relato ficcional do transtorno de acumulação. Condição essa que não deixa de ser uma caricatura de nós mesmos.

Inserido oficialmente nos anos 2010 no rol de transtornos mentais, ao ser incluído na 5ª edição do *Manual Estatístico e Diagnóstico* da Associação Americana de Psiquiatria, o transtorno de acumulação, ou *hoarding*, como é conhecido em inglês, reúne algumas características que o distinguem do mero colecionismo. Existe uma dificuldade contínua de se desfazer de posses, independentemente do valor – é comum serem jornais velhos, objetos quebrados e até comidas perecíveis. Isso acontece porque os pacientes têm o desejo incontrolável de salvar os objetos, sofrendo muito diante da possibilidade de jogar algo fora. Assim, evidentemente, eles acumulam um grande número de coisas que, com o tempo, entopem áreas de circulação do ambiente, tornando-as inutilizáveis. Esse comportamento pode ser sintoma de outro problema, como transtorno obsessivo-compulsivo ou depressão, mas pode ser independente de outros transtornos. O tratamento nem sempre é fácil: os pacientes necessitam de grande suporte médico, psicológico e social, dado o enorme sofrimento de que padecem – e que frequentemente causam.

Disse que de alguma forma os acumuladores são uma caricatura de nós mesmos. Explico.

Quando nós olhamos para eles, o que vemos? Pessoas que adquirem muito mais coisas do que podem desfrutar, misturando o útil com o inútil numa barafunda de posses que desaparecem sob camadas de mais acúmulo. Quando conversamos com eles, o que nos dizem? Que em tudo aquilo existe um propósito, não havendo exagero algum. Eles creem que podem vir a precisar de algo que ali está, ou que seus bens são únicos e valiosos; por vezes, apelam para o grande valor sentimental de suas posses. Mas de qualquer jeito não conseguem se livrar sem muita dor daquilo que acumulam inutilmente. Ou seja, assim como uma caricatura, eles apenas expressam, de forma exagerada e distorcida, um traço comum a praticamente todos nós. Olhe à sua volta. Pense friamente em suas aquisições mais recentes. Você acredita que precisa realmente de tudo o que tem? Mas, se consegue ver que tem além do necessário, é capaz de tranquilamente se livrar de tudo o que lhe parece supérfluo?

Pois é. Ao levarem essas nossas tendências às últimas consequências, os acumuladores deveriam nos fazer pensar um pouco mais sobre nós mesmos. Porque, mesmo perdendo o controle sobre o seu comportamento, colocando em risco sua vida e a das pessoas em volta, esses pacientes dificilmente se convencem de que têm um problema. Mesmo tornando-se escravos de seus bens.

A pergunta a fazer, portanto, é: quando o assunto é adquirir e guardar, quão livres nós somos de fato?

(Artigo publicado na edição 314, setembro de 2017)

***

Complementando:

"Existe uma dificuldade contínua de se desfazer de posses, independentemente do valor – é comum serem jornais velhos, objetos quebrados e até comidas perecíveis. Isso acontece porque

os pacientes têm o desejo incontrolável de salvar os objetos, sofrendo muito diante da possibilidade de jogar algo fora".

O comportamento de acumular descontroladamente coisas inúteis não é novo – o personagem de Gogol não nos deixa mentir, assim como o caso real dos irmãos Collyer, acumuladores mortos no século XIX, presos no lixo que guardavam em casa e imortalizados no romance *Homer & Langley* do escritor E. L. Doctorow. Seu reconhecimento como uma condição médica, contudo, em virtude da perda de controle sobre o próprio comportamento com consequências negativas – quando não desastrosas – para a pessoa e para seu entorno só veio no início do século XXI.

É uma condição muito desafiadora, pois os pacientes costumam ter vergonha e disfarçar os sintomas enquanto possível, afastando familiares e amigos quando já não conseguem mais esconder o problema. Embora conscientes do sofrimento que sentem e que muitas vezes causam, a sensação de ter que acumular, guardar, juntar, e o sofrimento associado a jogar fora e desapegar são tão intensos que os pacientes se tornam reféns dos sintomas, incapazes de mudar por si sós. A família não sabe como ajudar, o paciente se recusa a permitir grandes limpezas, os remédios não trazem muito alívio.

A melhor intervenção até hoje são as psicoterapias estruturadas, como a terapia cognitivo-comportamental. Auxiliando os pacientes a lidar com suas crenças catastróficas de que alguma coisa terrível pode acontecer se eles precisarem de algo que não tiverem guardado, por exemplo, ou a lidar com o comportamento de buscar ativamente coisas inúteis, a terapia ajuda a reduzir sintomas, embora não alcance todos os aspectos da acumulação. O apego emocional excessivo, por exemplo, não costuma apresentar grandes melhoras. Do ponto de vista comportamental, muitos seguem com alto grau de evitação.

Uma estratégia promissora parece ser complementar a terapia cognitivo-comportamental com a abordagem chamada terapia focada na compaixão. A base teórica dessa técnica é de que os seres humanos evoluíram num contexto em que a regulação emocional é intimamente ligada ao cuidado e à conexão com os outros. O foco da intervenção é permitir que as pessoas passem a aceitar a existência das emoções negativas e aprendam a lidar com elas e regular melhor suas próprias reações por meio da compaixão e de uma visão do sofrimento sem culpa ou julgamento. No estudo que propôs essa complementação, quando a intervenção cognitivo-comportamental clássica foi seguida pela abordagem focada na compaixão, praticamente o dobro de pacientes obteve melhora clínica mais significativa.

Não julgar os outros é difícil, e às vezes não julgar a nós mesmos é ainda pior. Mas se a compaixão nos leva a trabalhar para reduzir o sofrimento alheio, aprender a dirigi-la a nós mesmos pode ser a diferença entre a saúde e a doença.

Referência

CHOU, C. Y. *et al.* "Treating hoarding disorder with compassion-focused therapy: A pilot study examining treatment feasibility, acceptability, and exploring treatment effects". *British Journal of Clinical Psychology*, 59(1), 2020, pp. 1-21.

TERRORISMO É UMA DOENÇA MENTAL?

No dia 22 de julho de 2011, uma pequena multidão de jovens simpatizantes do partido trabalhador da Noruega estava reunida na ilha Utoya quando, de forma inesperada, todos começaram a ouvir tiros. Poucas horas antes, alguns prédios do governo haviam sido atacados por bombas em Oslo, confundindo a força policial e de resgate. Oito pessoas morreram nas explosões, e mais sessenta e nove em Utoya. Setenta e sete ao todo. A ocorrência cronometrada desses ataques não foi coincidência. O norueguês Anders Behring Breivik passou anos planejando o atentado, conforme confessou ao ser detido sem resistência.

No mesmo dia do ataque, Breivik publicou um manifesto justificando seus atos por meio de um discurso radical e extremista, com ideias persecutórias relacionadas ao islã, a homossexuais, mencionando teorias conspiratórias. Juntando o exagero de suas ideias com o absurdo de seu ato, muitos desconfiaram que ele só poderia estar louco. Por conta disso, uma junta de psiquiatras se reuniu para examiná-lo antes mesmo do julgamento. Depois de extensas avaliações, o grupo de médicos chegou à conclusão – exposta num relatório com mais de 200 páginas – de que Breivik, de fato, apresentava um transtorno mental. Consideraram-no psicótico, cindido com a realidade por conta de seu diagnóstico, e afirmaram que a doença era responsável por seu comportamento. O relatório dividiu o país ao meio – precisamente metade da população não se conformava com tal diagnóstico, pois acreditava que o terrorista sabia muito bem o que estava fazendo, agindo com plena consciência de seus atos.

Ironicamente, uma das pessoas mais indignadas com esse resultado foi o próprio Breivik. "Eu devo admitir que essa é a pior coisa que poderia ter acontecido comigo por ser a maior humilhação. Enviar um ativista político para um hospital psiquiátrico é mais sádico e cruel do que executá-lo. É um destino pior que a morte" – escreveu ele, enquanto aguardava uma segunda avaliação. É compreensível: se o que ele fez fosse colocado na conta da loucura, o protesto todo seria esvaziado. Exatamente o contrário do que gostaria. A pressão foi tanta, que ele foi reavaliado por uma nova junta, e, um ano depois, foi considerado mentalmente são. Recebeu a pena máxima norueguesa, mas com uma sentença que garantia a renovação da condenação. Aparentemente, ficou satisfeito dessa vez.

O caso ilustra como opiniões radicais muitas vezes assumem um papel tão grande na vida da pessoa, que podem, de fato, parecer delírios. Esses sintomas psiquiátricos são crenças arraigadas, inquestionáveis, que assumem um caráter de certeza absoluta e passam a dirigir a vida dos pacientes. Sim, é muito semelhante às convicções políticas, religiosas, ideológicas. A diferença é que, classicamente, os delírios não são compartilhados com outras pessoas, não fazem parte de uma cultura amplamente aceita. A dúvida se algo é fé ou delírio, ideologia ou loucura, surge quando as crenças até fazem parte de uma cultura, mas os atos individuais extrapolam o esperado em seu meio. Muitas pessoas acreditam nas mesmas teorias conspiratórias que Breivik, alegou a corte em sua sentença, mas poucas creem que a solução seja o terrorismo.

Diversas consequências advêm do fato de não considerarmos o radicalismo uma doença mental. Se, por um lado, os terroristas podem ser considerados responsáveis por seus atos, por outro, assumimos que não temos uma cura para o problema.

Isso não significa que não possamos fazer nada. Hoje, já são conhecidos diversos fatores de risco associados à radicalização. Normalmente são jovens, com pouca inserção na comunidade, sem um claro senso de propósito e com um horizonte de possibilidades na vida bastante estreito. Claro que isso não basta para formar um terrorista – a maioria das pessoas nessas condições simplesmente segue em frente. Mas tais indivíduos são território fértil para que lhes sejam incutidas ideologias – extremas – que lhes tragam um propósito existencial, lhes insiram num grupo de pares e lhes deem alguma certeza apaziguadora.

Transformar essas realidades é o grande desafio. Podemos não ter a cura, mas temos muito a fazer.

(Artigo publicado na edição 315, outubro de 2017)

***

Complementando:

"O caso ilustra como opiniões radicais muitas vezes assumem um papel tão grande na vida da pessoa, que podem, de fato, parecer delírios. Esses sintomas psiquiátricos são crenças

arraigadas, inquestionáveis, que assumem um caráter de certeza absoluta e passam a dirigir a vida dos pacientes".

No início de 2022, 11 anos depois de ter sido protagonista e autor isolado do maior ato de violência da Noruega desde a Segunda Guerra Mundial, Anders Behring Breivik entrou com um pedido para obter liberdade condicional. Antes de começar a audiência, contudo, ele saudou os juízes com o gesto nazista de erguer o braço com a mão estendida, e, ao longo do julgamento, demonstrou que segue firme com suas crenças radicais. Em determinado momento, chegou a terceirizar parte da responsabilidade, dizendo ter sofrido lavagem cerebral nas redes extremistas *on-line*, nas quais imperava a ordem de restabelecer o Terceiro Reich. "Como fazer isso fica a cargo de cada soldado", disse. Seus atos foram legítimos, em sua opinião. E em nenhum momento, ao longo da última década, ele demonstrou arrependimento.

O pedido de liberdade condicional foi negado, e a possibilidade de apelar da decisão foi rejeitada. Breivik continuará preso, possivelmente pelo resto da vida, mas seu caso apresenta grandes dilemas não só para a Noruega, mas para todos os países: como diferenciar o radicalismo da insanidade?

Uma tentativa recente foi feita por um grupo de psiquiatras e pesquisadores americanos que resgatou um antigo conceito em psiquiatria, o de ideias supervalorizadas, diferenciando-as de delírios e de ideias obsessivas. Delírios são pensamentos que quebram com a realidade, são fixos e incorrigíveis por evidências em contrário, e não fazem parte da cultura ou do grupo de crenças da subcultura da pessoa afetada. Por outro lado, pensamentos obsessivos são ideias recorrentes, persistentes, que ocorrem contra a vontade da pessoa e a incomodam, embora ela perceba que são pensamentos dela mesma. As crenças supervalorizadas – ou extremamente supervalorizadas, em alguns casos – ficam no meio do caminho entre os delírios e as ideias obsessivas. Pessoas com tais crenças fazem parte de uma cultura que sustenta as mesmas ideias; para elas, contudo, esses pensamentos fogem do controle e se tornam muito mais intensos do que para os outros, a ponto de dominarem suas vidas. Tal intensidade é acompanhada de um caráter afetivo tamanho que por vezes resulta em atos violentos na defesa dessas crenças.

Tal distinção é fundamental, pois as implicações legais e as clínicas são diferentes – os delírios privam a pessoa do adequado juízo de realidade, o que normalmente retira sua responsabilidade criminal; ela deve ser submetida a tratamento, mais do que a penas. As ideias obsessivas raramente desembocam em atos violentos – a aflição que causam leva os pacientes a desenvolver rituais para tentar se livrar delas, e não para pô-las em prática. Já as ideias supervalorizadas podem até turvar a razão das pessoas, tamanha a intensidade das emoções envolvidas na questão, mas de forma geral não as impedem de compreender a legalidade ou a ilegalidade de seus atos, sendo, portanto, responsáveis.

Assim compreendeu a Justiça no caso de Breivik. O que parece ser, de fato, uma decisão justa.

Referência

TAHIR, R. *et al.* "Extreme Overvalued Beliefs". *Journal of the American Academy of Psychiatry and the Law. On-line*, May 2020, JAAPL.200001-20.

10

A FRASE MENOS CONHECIDA DE FREUD

A psicanálise lembra um pouco a Igreja católica – as ideias do fundador são institucionalizadas e defendidas por discípulos ferrenhos, mas suas instituições parecem não responder às necessidades atuais da sociedade. Por que será? Talvez porque o autor das ideias não esteja mais aqui para atualizá-las.

Freud era um neurologista, e queria encontrar na biologia as bases do comportamento. Como a tecnologia de então não lhe permitia avançar, passou a elaborar uma teoria, criando a psicanálise. Cientista que era, contudo, nunca se apaixonou por suas ideias, revistando sua obra ao longo da vida. Chegou a afirmar que "a biologia é realmente um campo de possibilidades ilimitadas do qual podemos esperar as elucidações mais surpreendentes. Portanto, não podemos imaginar que respostas ela dará, em poucos decêndios, aos problemas que formulamos. Talvez essas respostas venham a ser tais, que farão o edifício artificial de nossas hipóteses colapsar" – provavelmente sua frase menos citada. Por razões óbvias.

Embora tenha saído a campo para testar suas ideias, seu método não possuía o mesmo rigor científico atual, em que não basta confirmar as hipóteses – é preciso tentar negá-las. Se elas resistirem à tentativa de refutação, provisoriamente manteremos nossa crença. Não é tão complicado como parece. Na década de 1960, o psicólogo cognitivo britânico Peter Cathcart Wason vinha estudando a tomada de decisão e publicou, em 1966, o seguinte teste:

Imagine que você está diante de quatro cartas que têm de um lado um número e do outro lado uma cor. Elas estão dispostas mostrando 3, 8, vermelho e marrom. Você recebe a informação de que, se uma carta tem um número par, seu verso é vermelho. Quais cartas você deve abrir para testar a hipótese?

Nossa tendência é fazer como na época de Freud e buscar confirmação, checando a carta 8 e a vermelha. Ocorre que, se a carta vermelha tiver um número par, isso não comprova a regra. Tanto faz o seu número, já que a hipótese não diz qual número devem ter as cartas vermelhas. Agora pense: e se atrás da carta marrom também houver um número par? A regra estaria errada, mas nós não saberíamos se virássemos apenas a vermelha. Se buscamos só confirmação, podemos acreditar em algo que não é verdade.

Da forma como é construída, a psicanálise não se presta a ser falseada, não podendo, portanto, ser considerada científica. Isso não significa que não tenha serventia. As coisas não precisam ser rigorosamente científicas para serem capazes de ajudar as pessoas.

Talvez ela ajude apenas por ser uma forma de pensar sobre as pessoas, compreendê-las e auxiliá-las, independentemente da verdade de seus postulados. Da mesma forma que o escritor Douglas Adams descreve a relação entre astronomia e astrologia no livro *Praticamente inofensiva*:

As regras [da astrologia] meio que surgiram do nada. Não fazem o menor sentido, a não ser quando pensadas no próprio contexto. Mas, quando a gente começa a colocar essas regras em prática, vários processos acabam acontecendo e você começa a descobrir mil coisas sobre as pessoas. Na astrologia, as regras são sobre os astros e planetas, mas poderiam ser sobre patos e gansos que daria no mesmo. É apenas uma maneira de pensar sobre um problema que permite que o sentido desse problema comece a emergir. [...]. Então, veja, a astrologia de fato nada tem a ver com a astronomia. Tem a ver com pessoas pensando sobre pessoas.

Quando perdeu o *status* científico, a psicanálise já fazia parte da cultura, o que lhe deu sobrevida de décadas. Mas os tempos mudam, e talvez seu discurso já não ajude tanto as pessoas a pensar sobre pessoas. O que não é necessariamente um problema. Teorias sobre a natureza humana mudam desde sempre. E essas mudanças de teoria fazem parte da natureza humana. Ao menos em teoria.

(Artigo publicado na edição 316, novembro de 2017)

***

Complementando:

"Quando perdeu o status científico, a psicanálise já fazia parte da cultura, o que lhe deu sobrevida de décadas. Mas os tempos mudam, e talvez seu discurso já não ajude tanto as pessoas a pensar sobre pessoas".

O gancho para esse artigo foi uma matéria da revista mostrando a redução progressiva da psicanálise, sobretudo nos EUA. Segundo a reportagem, a demanda de pacientes pela técnica cai a cada ano, o quadro de profissionais vem se renovando pouco, elevando a idade média dos psicanalistas:

> A média de pacientes diários não chega a três por analista. Nas décadas de 1950 e 1960, eram quase dez. O número de atendidos minguou, e os profissionais envelheceram: metade dos membros da associação tem 60 anos de idade ou mais – só 15% têm menos de 50.

Embora no Brasil esse fenômeno não seja tão evidente, na Sociedade Brasileira de Psicanálise, "dos 344 membros filiados (em formação) [...] 70% têm mais de 50 anos", afirmava a revista.

Seria o fim da técnica criada por Sigmund Freud?

O médico austríaco sabia que as ideias da psicanálise eram hipóteses de trabalho "artificialmente construídas", segundo ele mesmo, muito mais do que descrições acuradas da realidade subjacente ao nosso mundo mental. Embora a biologia não a tenha substituído – por absoluta incapacidade de também produzir explicações definitivas –, o fato é que os estudos científicos que testaram o que era testável na teoria psicanalítica em geral não conseguiram comprová-la.

Não creio que seja esse o motivo da menor busca das pessoas por terapeutas freudianos, nem a razão do decrescente interesse de profissionais em se tornarem psicanalistas. Talvez a psicanálise já não responda tão bem às nossas perguntas e inquietações atualmente, mas esse não é um problema só dela. A busca por tratamentos que aliviem o sofrimento mental é muito mais antiga do que a psicanálise, e cada época tem maneiras próprias, afinadas com seu tempo, de entender a natureza humana e nos ajudar a lidar com a dor. Se, em algum momento, alguma teoria tivesse conseguido a explicação definitiva, não haveria tantas teorias, umas se sucedendo às outras. A terapia cognitivo-comportamental, técnica que explodiu entre o final do século XX e o começo do XXI, sobretudo pela possibilidade de ser testada em ensaios clínicos e ter seus efeitos comparados em publicações científicas, sofre de mal parecido. No final da década de 2010 começaram a surgir estudos mostrando que sua eficácia, tão impressionante nos primeiros estudos, vinha caindo com o tempo, conforme as pesquisas se multiplicavam. Uma das hipóteses levantadas pelos cientistas é a de que todo tratamento deve sua eficácia, em parte, a um efeito placebo. Quando técnicas terapêuticas estão fazendo sucesso, empolgando terapeutas e pacientes, as chances de sucesso podem ser maiores em parte por conta desse entusiasmo. Arrefecida a agitação inicial, cairiam os resultados. Se for isso mesmo, não seria de estranhar a perda de prestígio da psicanálise, podendo-se esperar o mesmo para qualquer técnica que vier a sucedê-la.

Ocorre que o ser humano é tão complexo em suas dimensões, que parece impossível algum conjunto de hipóteses abarcar todas elas. Não podemos ser reduzidos aos nossos componentes biológicos – nosso cérebro, nossos genes, nossa história evolutiva –, mas tampouco os componentes sociais – as relações interpessoais, as dinâmicas de trabalho e educação – darão conta de nós. Os componentes psicológicos – experiências da infância, desenvolvimento da personalidade, padrões de apego – são tão insuficientes quanto os econômicos – acesso a recursos, disputa por alimentos, tomadas de decisão.

As teorias que ganham relevância a cada período histórico são aquelas que melhor articulam o estado do conhecimento científico de então com as demandas sociais daquela cultura, fazendo sentido para as pessoas e ajudando-as a pensar sobre si mesmas. A psicanálise alcançou grande sucesso nesse quesito durante muitos anos. Mas isso não significa que se manterá relevante perpetuamente. O tempo dirá.

Referência

JOHNSEN, T. J. & FRIBORG, O. "The effects of cognitive behavioral therapy as an anti-depressive treatment is falling: A meta-analysis". *Psychol Bull*, 141(4), Jul. 2015, pp. 747-468.

SÓ A CIÊNCIA NÃO BASTA PARA VENCER UM DEBATE

"Eu sei que você está do meu lado", disse um médico para a escritora Eula Biss, que trabalhava num livro sobre a polêmica *antivax*. A bem da verdade, ela não queria apenas contar uma história; queria também saber o que fazer com relação ao próprio filho. Vacinar ou não? Biss conta não ter concordado com o médico não por ideologia, mas sim porque essa postura de lados, nós contra eles, eles contra nós, é grande parte do problema. Quando se adere a essa metáfora bélica, os lados passam a ser caracterizados de formas hostis como "mães ignorantes e médicos educados, mães intuitivas e médicos intelectuais, mães atenciosas e médicos sem coração", escreve ela no livro *Imunidade – germes, vacinas e outros medos* (editora Todavia, 2017). Impossível dialogar dessa maneira.

Se quisermos realmente estabelecer algum tipo de comunicação útil entre pessoas com opiniões divergentes, seja sobre a necessidade de vacinação, o formato do planeta Terra, o aquecimento global ou o que for, o primeiro passo é deixar de tratar o interlocutor como um ignorante. As pessoas em lados diferentes das polêmicas normalmente são racionais e esclarecidas, mas mesmo assim acreditam que têm de fornecer as informações para o oponente. Achamos que, se tirarmos o sujeito da ignorância, ele será iluminado e, vindo para a luz, enxergará as coisas da maneira correta, ou seja, como nós.

Pena que não funciona assim.

Como somos todos seres racionais, há sempre uma razão embasando as opiniões, por mais esdrúxulas que pareçam. Ninguém pensa: "Eu acredito nisso porque sou um idiota". As pessoas escolhem as evidências, o peso dado a cada fator, construindo uma racionalidade. O segundo passo, portanto, é compreender que não basta apresentar fatos para convencer as pessoas. Elas já têm fatos suficientes. No século passado, o político e sociólogo Daniel Patrick Moynihan disse que todo mundo tinha direito às próprias opiniões, mas não aos próprios fatos. Talvez fosse assim no século XX, mas hoje em dia até os fatos são selecionados de acordo com a agenda.

Aliás, apresentar evidências contra a teoria de alguém pode, inclusive, ter o efeito contrário. Pessoas expostas a informações que contradizem suas crenças tornam-se mais aferradas a elas, numa postura defensiva. E de novo: não se trata de ignorância. Quando alguém estruturou sua cosmovisão, sua carreira ou sua vida em torno de uma ideia, vê-la sob ataque é ver seu mundo ruir. Até cientistas agem assim, defendendo teorias sobre as quais construíram sua fama quando as evidências contra elas começam a se acumular.

"O que importa talvez não seja se as pessoas estão certas em relação aos fatos, mas se estão assustadas" – Biss cita no livro o professor Cass Sustein. Mas o medo não age só no caso das vacinas – ele atua em todas as polêmicas. O medo de que minha visão de mundo esteja errada, de admitir que fui enganado, de ter sido ignorante.

Claro que não se pode vencer um debate científico sem ciência. Mas, por se tratar de um debate entre seres humanos, concomitantemente racionais e emocionais, só ciência não basta. Compreensão, validação, aceitação, empatia são fundamentais se quisermos chegar a algum lugar.

Não sei qual o impacto do livro de Eula Biss nas mães e nos pais antivacina. Mas não tenho dúvida de que ele tem muito mais potencial do que qualquer artigo científico ou discurso médico. Pois sua postura a favor da vacinação é muito sutilmente apresentada. Ela conta que vacinou o filho, mas não esconde o próprio medo. Desmonta argumentos de ativistas contra a vacinação, mas reconhece que eles têm seus pontos. E assim, transitando de maneira fluida entre os dois lados, mostra que é possível construir pontes para além de uma dualidade incomunicável.

Pode não ser fácil. Mas até hoje é a única alternativa que conheço.

(Artigo publicado na edição 317, dezembro de 2017)

***

Complementando:

"Claro que não se pode vencer um debate científico sem ciência. Mas, por se tratar de um debate entre seres humanos, concomitantemente racionais e emocionais, só ciência não basta. Compreensão, validação, aceitação, empatia são fundamentais se quisermos chegar a algum lugar".

Quem imaginaria que o tema desse artigo, publicado em 2017, viria a se tornar importante – central – nas nossas vidas menos de três anos depois? O movimento antivacina, que nunca teve grande força em nosso país, alcançou novos patamares com as disputas em torno da vacina contra a Covid-19. Às poucas pessoas que já eram contra todas as vacinas juntou-se um contingente bem maior de pessoas contrárias à vacina contra a Covid, basicamente por conta de um alinhamento ideológico. Ouviam-se então argumentos como: "Não sou contra vacinas, sou contra essa. Não houve tempo para testá-la. Como vou aceitar algo que não conheço sendo injetado em mim?".

O restante das pessoas, ansioso por uma solução para a pandemia e confiante nos órgãos reguladores, nos cientistas, teve grande dificuldade de compreender essa postura, levando a brigas acaloradas, rompimento de amizades, cisões familiares. Não acredito que todas as diferenças poderiam ser conciliadas, mas se seguíssemos as recomendações do psicólogo social Anatol Rapoport, resumidas no livro *Intuition Pumps and Other Tools for Thinking*, do filósofo Daniel Dennett, talvez evitássemos algumas brigas. As regras propostas por ele são quatro:

1 – Em primeiro lugar, tente expressar a posição do seu oponente de forma clara, transparente e justa, a ponto de que ele sinta que foi exatamente o que ele quis dizer.

2 – Na sequência, liste todos os pontos com os quais você consegue concordar.

3 – Aponte alguma coisa que você aprendeu com as ideias de seu oponente.

4 – Só então apresente seus argumentos discordantes ou suas críticas.

Pode parecer difícil à primeira vista, mas vamos tentar com as pessoas receosas quanto às vacinas contra a Covid:

1 – Pelo que entendi, o que você está dizendo é que as vacinas normalmente levam muitos anos para ser desenvolvidas, mas que essa, por ter sido muito rapidamente desenvolvida,

pode ser perigosa, e, como você não sabe o que tem ali dentro, prefere não tomar.

2 – Estou plenamente de acordo que o tempo recorde nos deixa desconfiados – outras vacinas já são aplicadas há anos, essa não. E concordo também que não temos ideia do que tem ali.

3 – É interessante você abrir meus olhos para isso: eu acho que não pensava muito no conteúdo das coisas que estou pondo para dentro do meu corpo, foi um bom alerta.

4 – Apesar disso, é importante lembrar que essa vacina não foi desenvolvida da noite para o dia, ela se apoia em pesquisas anteriores que vêm sendo feitas há anos, e em instituições sérias. Há tantos olhos sobre elas agora – e tanta oposição –, que fraudes não passariam em branco. E, no fundo, é impossível a gente ter conhecimento suficiente para saber a composição de tudo o que consumimos. Por isso que existem órgãos reguladores, fiscalizadores etc., senão a vida moderna seria impossível.

Não sei se esse interlocutor imaginário mudaria de posição e iria tomar a vacina se fosse um *antivax* convicto. Mas se fosse – como era o caso da maioria das pessoas receosas – apenas alguém hesitante, haveria muito mais chance de que suas resistências diminuíssem do que se partíssemos diretamente para um embate hostil, que só coloca as pessoas mais na defensiva, comprometendo-se mais ferrenhamente com suas posições originais.

Referência

DENNETT, D. C. *Intuition Pumps and Other Tools for Thinking*. New York, W. W. Norton & Company, 2013.

12

MUITA COISA NA VITRINE, POUCA COISA NA SACOLA

Certa vez, um cirurgião me contou que trabalhou com um colega tão pão-duro que economizava o dinheiro do almoço aos finais de semana apenas indo ao supermercado. Havia tanto produto para degustar, testar, experimentar, que ele enchia a barriga de graça. Não sei o que aconteceu com a saúde dele, no entanto, porque essas amostras grátis estão longe de ser saudáveis.

Uma das mais famosas degustações de supermercado da moderna ciência comportamental, por exemplo, envolvia geleias e chocolates – quem consegue almoçar isso? Ela aconteceu nos anos 2000, quando uma dupla de psicólogos americanos resolveu testar se oferecer muitas opções para as pessoas aumentaria a chance de elas encontrarem algo de que gostassem, adquirindo, então, o produto. Duas situações eram armadas: em uma, 24 opções de geleia *gourmet* eram oferecidas a quem parasse para olhar o *stand* – e quem provasse ganhava um cupom de US$ 1 de desconto para a compra. Em outra, num dia diferente, o mesmo *stand* era montado, mas com apenas seis sabores disponíveis. O grande número de opções atraiu mais curiosos, mas eles compraram apenas uma pequena fração do que as pessoas a quem se apresentaram menos alternativa adquiriram. O volume de venda foi dez vezes maior com menos opções.

Algo parecido pode já ter acontecido com você. Comigo acontece pelo menos em duas situações: em minha biblioteca e diante do menu da Netflix. Eu quero escolher algo para ler ou para assistir, vou passando os olhos pelas possibilidades, que são tantas e me parecem tão boas, esperando que a qualquer momento uma delas me salte aos olhos. Mas parece que quanto mais eu olho, mais indeciso fico. Os cientistas chamaram o fenômeno de sobrecarga cognitiva (*cognitive overload*): incapaz de lidar adequadamente com tantas informações, o cérebro teria mais dificuldade em tomar uma decisão.

Mas acho que não se trata apenas da dificuldade em lidar com as informações. Há também o custo – cada vez maior – do que deixamos de fora. Sim, porque no preço das nossas decisões sempre incluímos, estejamos cientes ou não, aquilo que não estamos fazendo, lendo, vendo. O preço do que fazemos é também o que deixamos de fazer. E se minha escolha não for a melhor? Quando tenho pouca concorrência, essa dúvida diminui. Isso aconteceu no estudo das geleias, aliás: dentre as pessoas que compravam algo, as mais satisfeitas com sua aquisição eram aquelas que tinham sido expostas a um número reduzido de sabores.

Quando observo as novas tecnologias que permitem os relacionamentos hoje em dia, eu me pergunto se algo do gênero não está acontecendo. Não se trata de saudosismo – não acho que a forma antiga de paquerar fosse melhor ou pior. Mas talvez fosse mais talhada para esse nosso cérebro que é tão cheio de capacidades como de limitações. Na história evolutiva da humanidade, afinal, praticamente nunca tivemos muitas opções de relacionamentos. Ficava tudo dentro da tribo: era aquela meia dúzia e só. Com a criação das cidades, o cenário mudou um pouco, já que havia muito mais gente. Mas, de qualquer forma, o contato cotidiano se restringia aos ambientes que frequentávamos, era quase impossível paquerar alguém a distância. O progressivo desenvolvimento das tecnologias de comunicação veio complicar essa equação, e hoje praticamente não há mais barreiras para o desenvolvimento do interesse mútuo. O número de opções de parceiros explodiu, portanto. E, no fim das contas, ficou mais difícil escolher. São muitas variáveis. E sempre parece que alguém melhor está a um clique de distância.

Não que tenhamos de abolir as tecnologias. O que, aliás, nem parece possível. Mas vale a pena pensar, diante das infindáveis prateleiras de pessoas que são as redes socias, que não precisamos encontrar a melhor possível. Basta ser bom o suficiente.

(Artigo publicado na edição 318, janeiro de 2018)

***

Complementando:

"Comigo acontece pelo menos em duas situações: em minha biblioteca e diante do menu da Netflix. Eu quero escolher algo para ler ou para assistir, vou passando os olhos pelas possibilidades, que são tantas e me parecem tão boas, esperando que a qualquer momento uma delas me salte aos olhos. Mas parece que, quanto mais eu olho, mais indeciso fico. Os cientistas chamaram o fenômeno de sobrecarga cognitiva (cognitive overload): *incapaz*

de lidar adequadamente com tantas informações, o cérebro teria mais dificuldade em tomar uma decisão".

Nós sabemos que correlação não significa causalidade. Eu sei, você sabe. Mas é impossível ignorar a correlação que existe entre o aumento das opções de consumo e a piora no bem--estar apontada pelo pesquisador Barry Schwarz na população americana. Sobretudo porque ele investigou profundamente o paradoxo da escolha e, em diversos níveis, notou que a multiplicidade de opções não apenas cansa, mas – pior – nos traz a insatisfação que a própria multiplicidade visava reduzir.

Ele aponta alguns fatores relevantes nessa equação. O primeiro é a personalidade de cada um de nós. Trabalhando com outros cientistas, Schwarz foi capaz de dividir as pessoas em dois grandes grupos que ele chamou de *maximizers* (os que querem sempre encontrar o melhor possível, extraindo o máximo das opções) e *satisficers* (para quem basta estar satisfeito, contentando-se com o bom suficiente). Os *maximizers* naturalmente estão continuamente atrás de alternativas melhores, comparando rótulos, estudando os produtos, pesquisando o mercado, temendo fazer uma escolha que não seja a melhor possível. Os *satisficers*, por sua vez, têm um padrão de escolha preestabelecido – que pode até ser alto –, mas, uma vez que algo atinja o padrão, eles não precisam ir atrás de algo melhor.

Usando escalas para definir o perfil das pessoas, estudo após estudo tem comprovado que os *maximizers* são mais insatisfeitos com suas próprias escolhas, mais propensos a arrependimento, e gastam mais recursos (como tempo e energia) para ampliar suas opções, mesmo sem ficar mais felizes com suas escolhas. E, acrescentando um toque de plausibilidade à correlação entre a multiplicação de opções para a população e os menores índices de bem-estar, os *maximizers* apresentam piores índices de felicidade, otimismo, autoestima e satisfação geral com a vida do que os *satisficers*.

Como tudo o que envolve a vida humana em sociedade, não basta olhar para a personalidade individual, havendo um papel importante do contexto social. Os traços de personalidade associados à maximização ou à insatisfação devem ter, como tudo o mais da nossa psique, uma distribuição normal na sociedade, havendo poucas pessoas entre os extremos e uma maioria na média entre eles. Logo, quanto mais a sociedade estiver organizada para enaltecer a multiplicidade de opções, mais pessoas serão levadas a esse caminho e acabarão menos satisfeitas. Por outro lado, quanto mais soubermos que o bom suficiente é bom suficiente, mais tranquilidade – e felicidade – poderemos experimentar em nossas decisões cotidianas.

Se pudermos escolher entre essas duas opções – *satisficers* ou *maximizers* –, essa não deverá ser uma decisão tão difícil.

Referência

SCHWARTZ, B. "The tyranny of choice". *Scientific American*, 290(4), 2004, pp. 70-75.

CACHORRO ENCURRALADO NÃO SALTA

Com certeza você já ouviu gente reclamando que os estudantes de hoje são muito mimados, desfiando frases como: "No meu tempo, a gente podia zoar os amigos. Hoje tudo é *bullying*". É assim mesmo: desde a idade da pedra toda geração acha que seus descendentes pioraram. Consigo imaginar um *neandertal* grunhindo:

> Esses moleques de hoje não aguentam mais nada. No meu tempo, a gente não tinha fogueira quentinha. Não tinha essa história de bater pedrinha uma na outra – tinha que andar na floresta até achar uma árvore atingida por um raio. Daqui a pouco, nem pelo a humanidade vai ter, desse jeito.

Todo termo que ganha popularidade perde seu significado original, e isso pode muito bem ter acontecido com o *bullying*. Sim, não é toda zoeira que é *bullying*. Mas, se nem toda brincadeira pode ser condenada, isso não faz com que o *bullying* não exista. Existe, e há bastante tempo.

Em 1958, os britânicos resolveram acompanhar o desenvolvimento de todas as crianças nascidas numa determinada semana daquele ano. Reuniram, assim, dados sobre quase 18 mil bebês e passaram a avaliá-los de tempos em tempos durante 50 anos. Descobriram que, já na década de 1960, eram altas as incidências de violência na escola – coisas mais graves do que uma piada ou brincadeira; quase um terço dos alunos passava por isso ocasionalmente, e 15%, com frequência. É o povo da geração que diz que "na minha época não existia esse negócio de *bullying*". Imagina se existisse... Não é novidade para ninguém que na vida adulta as pessoas que passaram por tais problemas possuem pior qualidade de vida e muito mais chance de desenvolver depressão, por exemplo. O dobro de chance, para ser mais preciso.

Mais ou menos na mesma época, nos anos 1960, do outro lado do Atlântico, um pesquisador chamado Martin Seligman, interessado nos mecanismos que levam à depressão, criava um experimento que se tornaria clássico. Ele e seus colegas reuniram um grupo de cães e os colocaram em três tipos de gaiolas diferentes. O grupo 1 ficava lá por um tempo e depois era retirado. O grupo 2 tinha o chão da gaiola eletrificado e, de forma aleatória, tomava choques inesperados. Diante deles havia uma alavanca que fazia os choques pararem. E o desafortunado grupo 3 também tinha o chão eletrificado, mas ele era pareado com a gaiola do grupo 2. Ou seja, os cães desse grupo não tinham como parar os próprios choques. Eles recebiam a mesma intensidade que os seus parceiros do grupo 2 (pois, quando esses desligavam a eletricidade, todos os choques cessavam), mas, como não sabiam dessa artimanha, para eles tanto o início como o fim pareciam aleatórios.

Uma vez condicionados dessa maneira, os cachorros foram transferidos para outra gaiola, dividida em duas partes – um lado com chão elétrico e outro não. Os dois lados eram separados por uma barreira baixa; quando os cães dos grupos 1 e 2 eram colocados ali, rapidamente eles aprendiam a pular de um lado para outro para escapar dos choques. A maioria dos cães do grupo 3, por sua vez, nem pensava em dar esse salto. Eles haviam aprendido que não havia esperança, afinal. Seligman cunhou então o termo *learned helplessness*, ou desamparo aprendido.

O que acontece no *bullying* (de verdade) é parecido com isso. As crianças sentem-se totalmente cercadas, submetidas a situações muito hostis que lhes parecem inevitáveis, desenvolvendo, com o tempo, a mesma sensação de desamparo. Para elas, é impossível fazer qualquer coisa para cessar aquele sofrimento. Não é de estranhar que se tornem adultos deprimidos.

Se a história nos ensinou algo é que existem coisas que não aprendemos com a história. Não acho que algum dia as gerações mais velhas deixarão de criticar as mais novas. Até aí, tudo bem. Mas, pelo menos no que se refere ao *bullying*, não devemos menosprezar as queixas da garotada.

(Artigo publicado na edição 319, fevereiro de 2018)

***

Complementando:

"[...] já na década de 1960, eram altas as incidências de violência na escola – coisas mais graves do que uma piada ou brincadeira; quase um terço dos alunos passava por isso ocasionalmente, e 15%, com frequência".

Uma vez tendo compreendido a seriedade do *bullying*, resta-nos saber o que fazer diante dessa realidade, que já estava presente no século passado – e possivelmente antes dele – e que insiste em permanecer nas escolas a despeito de todos os esforços cercando o tema. De acordo com o National Center for Educational Studies, dos EUA, um a cada cinco estudantes refere ter sido vítima de *bullying*. Não estamos melhores do que há meio século.

É difícil encontrar um padrão no comportamento de crianças e adolescentes que aterrorizam seus colegas; a maioria dos estudos não consegue se afastar muito da redundante conclusão de que eles são agressivos. Assim como acontece com os adultos, a perpetração de violência tem menos a ver com a presença de transtornos mentais do que podemos imaginar – trata-se de um fenômeno multifatorial, ou seja, há diversos fatores contribuindo para sua ocorrência, sendo impossível reduzir sua causa a um único.

Talvez por isso seja tão difícil encontrar intervenções maciças que previnam sua ocorrência. Em paralelo com a violência em geral, o melhor que podemos fazer é reduzir o espaço de aceitação para sua presença – por intermédio de intervenções culturais – e disponibilizar meios para a denúncia de modo a detectar precocemente sua existência, agindo a cada caso para reduzir a chance de ele se repetir e minimizando seu impacto negativo.

De fato, uma iniciativa-piloto da Unicef buscou transformar o ambiente cultural a partir de uma intervenção com os estudantes mais influentes da classe. Eles perguntaram a todos os alunos quais eram os colegas com quem passavam mais tempo, e os mais citados formaram um grupo de discussão sobre o *bullying*. No estudo-piloto feito em Java Central, na ilha de Java, alguns dos convidados não quiseram participar inicialmente (ironicamente por serem eles mesmos *bullies*). Com o avançar dos trabalhos, nos quais os próprios estudantes debatiam a questão, definiam o problema e propunham intervenções, a resistência desse grupo diminuiu, agregando quase todos os influenciadores convidados. Ao final de algumas semanas, a escola teve um grande evento, com apresentações, música, exposições, que, por ser capitaneado pelos alunos mais influentes, ganhou um *status* de *cool*. O *bullying* passou a ser um assunto do qual as pessoas não tinham mais receio de falar, tornando-se menos tolerável; assim, não só reduziu sua ocorrência como as vítimas passaram a ser conhecidas mais precocemente, viabilizando seu acolhimento de forma rápida.

Não por acaso, a maior meta-análise – aqueles estudos grandes que reúnem resultados de vários outros estudos para verificar a eficácia de uma intervenção – sobre programas *antibullying* mostrou que, ainda que o tamanho do efeito do programa seja modesto, a grande prevalência do problema faz com que mesmo pequenas reduções tragam grande diferença para a saúde mental dos estudantes.

Com perdão do trocadilho, o *bullying* é uma daquelas brigas que, mesmo perdidas, não podemos nos recusar a enfrentar.

Referências

BOWES, L. *et al.* "The development and pilot testing of an adolescent bullying intervention in Indonesia – the ROOTS Indonesia program". *Glob Health Action*, 12(1), 2019, 1656905.

FRAGUAS, D. *et al.* "Assessment of School Anti-Bullying Interventions: A Meta-analysis of Randomized Clinical Trials". *JAMA Pediatr.*, 175(1), 2021, pp. 44-55.

QUANDO SER CEGO NÃO BASTA

Será que o pior cego é realmente o que não quer ver? O ditado popular condena aquelas pessoas que se recusam a enxergar determinada realidade, seja por conveniência, medo ou outra razão qualquer. Na prática, são como cegos, mas seu caso é pior – reza o dito –, porque, mesmo com olhos intactos, ativamente se recusam a ver certas coisas. Entendo que "pior", aqui, tem clara conotação valorativa – as pessoas que agem assim são reprováveis, ao contrário das que não conseguem enxergar por problemas visuais (sobre os quais não têm opção), mas não sei se essa é a pior cegueira que existe.

No século XVI, o filósofo Michel de Montaigne contou a história de um nobre que, embora não enxergasse nada, ignorava sua condição. Quase 300 anos depois, esse quadro seria finalmente incorporado ao jargão médico, quando o neuropsiquiatra austríaco Gabriel Anton descreveu formalmente três casos, batizados posteriormente de "anosognosia" (literalmente, desconhecimento da doença) pelo neurologista francês Joseph Babinski no início do século XX.

O século XXI também nos revelou outro tipo de cegueira. Na virada dos anos 2000, pesquisadores descobriram que há pessoas cujos córtex visuais foram lesionados, seja por acidentes vasculares ou qualquer outra agressão, perdendo, então, a capacidade de enxergar. Quando esses pacientes são apresentados a estímulos emocionais, contudo, reagem como se estivessem enxergando. Faces ameaçadoras aceleram seus corações, faces sorridentes os fazem sorrir de forma reflexa. Chamado de *blindsight* (do inglês, visão cega), o fenômeno se refere a gente que, embora tenha ficado cega, continua a enxergar.

Acredito que esse tipo de cegueira mais recentemente descoberto seja a melhor analogia para os sistemas jurídicos mundo afora.

No mesmo século XVI de Montaigne, a representação da Justiça passou a ser a mulher que, além de trazer nas mãos a espada e a balança, como na Roma antiga, também tinha os olhos vendados. A ideia era destacar, no conceito da Justiça, a ideia da imparcialidade, pesando argumentos de parte a parte sem enxergar nos litigantes cor, *status* social e econômico, origem, gênero e assim por diante. O problema é que, como os pacientes *blindsighted*, mesmo achando que não enxerga, a Justiça reage emocionalmente muito mais do que admite.

As pesquisas sobre nossos vieses em decisões, escolhas e palpites vêm pululando nas últimas décadas, e não poupam ninguém. Assim como nem mesmo artistas visuais conseguem fugir às ilusões de ótica – que expõem os *bugs* interpretativos do cérebro –, nem mesmo as pessoas mais inteligentes ou sábias do mundo conseguem escapar dos vieses cognitivos. Esses vieses mostram como nossa mente utiliza muito mais elementos inconscientes em suas decisões do que imaginamos.

Só para ter uma ideia, em 2011 um estudo israelense mostrou que juízes tinham menor probabilidade de conceder liberdade condicional quando estavam famintos e cansados. Os julgamentos eram feitos num dia inteiro de plantão, com dois intervalos e com alimentação. No início do dia, e após tais intervalos, a probabilidade de concessão de condicional chegava a 65%, lentamente caindo com o tempo, aproximando-se de zero logo antes da pausa para descanso.

Se a fome inconscientemente fazia isso, imagine os influentes vieses de raça e gênero. O interessante é que eles podem ser muito mais poderosos quanto mais negarmos sua existência. Se considerarmos que a Justiça é cega o suficiente, provavelmente procuraremos outras explicações para as diferenças constatadas nas decisões judiciais referentes a negros, mulheres etc. É só compreendendo que as emoções podem, sim, influenciar até mesmo o mais imparcial dos juízes, que tomaremos as providências para cegar totalmente a Justiça.

Em alguns casos, o pior cego é aquele que enxerga e não sabe.

(Artigo publicado na edição 320, março de 2018)

***

Complementando:

"*Se a fome inconscientemente fazia isso, imagine os influentes vieses de raça e gênero*".

Vieses cognitivos são tendências a erros sistemáticos que cometemos, sempre na mesma direção, que mostram o despreparo do nosso cérebro para lidar com a complexidade da vida moderna. Pular para conclusões rapidamente, sem pensar, deve ter sido bastante vantajoso para os homens das cavernas, que viviam pouco, em grupos pequenos, praticamente apenas entre conhecidos e lidando com consequências de curto prazo de suas decisões. Nesse contexto, generalizar experiências provavelmente era mais útil do que prejudicial – achar que determinado alimento fazia mal porque uma vez fez mal para alguém, se fosse uma conclusão errada, na pior das hipóteses retirava um item do cardápio pré-histórico; se fosse correta, contudo, poderia salvar a vida da tribo.

Vivendo num mundo complexo, com interconexão de milhões de pessoas, interagindo com desconhecidos, vivendo muito e encarando as consequências de longo prazo de nossas decisões, essas heurísticas – programações simples inscritas em nossos cérebros para oferecer respostas rápidas – se tornam potencialmente perigosas. As generalizações levam à criação de estereótipos, por exemplo. Juízes ou médicos que tiram conclusões precipitadas podem levar a condenações injustas ou tratamentos equivocados.

A melhor maneira de fugir dessas armadilhas mentais é saber que elas existem, em primeiro lugar. A partir daí, saber reconhecer as mais comuns. E, finalmente, desenvolver estratégias para procurá-las onde costumam se esconder.

O viés de confirmação, do qual tratamos no capítulo 11 ("Só a ciência não basta para vencer um debate"), ilustra bem isso. Ele reflete a tendência que nós temos de dar mais importância aos elementos que esperamos encontrar numa situação, dando pouca atenção àqueles que contrariam nossas expectativas – ou sequer os enxergando. Um médico que, num primeiro momento, tem a forte impressão de que o paciente diante de si está com uma gripe tenderá a procurar sinais para confirmar essa hipótese, muitas vezes nem perguntando sobre outros sintomas e, inconscientemente, ignorando-os quando surgem diante dele. Um juiz convicto da culpa de um réu tende a valorizar muito as provas que indicam sua culpa, deixando passar aquelas que apontam no sentido contrário.

Duas estratégias comprovadas para combater esse e outros vieses são a reflexão guiada e a cognição forçada. Simplificadamente, ambas levam o cérebro a desacelerar e pensar "e se". E se não for isso? O que eu deveria esperar se não fosse gripe? Qual prova seria indício de inocência? Na reflexão guiada, é preciso colocar em discussão sua própria conclusão, estando aberto a conclusões alternativas e refletindo nos porquês de suas impressões iniciais. Já na cognição forçada, o raciocínio é arrastado para outras possibilidades, obrigado a se confrontar com diagnósticos ou sentenças diferentes, mesmo que seja para depois descartá-los.

Fazer esses exercícios não significa que as ideias iniciais serão abandonadas – as conclusões alternativas podem muito bem ser posteriormente descartadas em favor das iniciais. O objetivo dessa estratégia não é nos obrigar a adotar possibilidades alternativas, mas tão somente evitar que elas não sejam enxergadas. Porque esse também é um tipo de cegueira – e que mais cedo ou mais tarde nos faz tropeçar.

Referência

DOHERTY, T. S. & CARROLL, A. E. "Believing in Overcoming Cognitive Biases". *AMA J Ethics*, 1:22(9), Sep 1, 2020, E773-778.

VERDE, COR DA PAZ

Eu estava no ensino médio, se bem me lembro, quando descobri o jogo *Simcity*. Era um jogo para computador que simulava a construção de uma cidade. Começávamos com uma verba para construir a usina de energia, abrir as primeiras ruas, estabelecer serviços, atraindo migrantes. Os impostos começavam a entrar, a cidade crescia, e com isso surgiam oportunidades e problemas. A criminalidade já era uma questão complicada, pois construir delegacias era caro e não dava para colocá-las em todo canto. Até que, lendo sobre o jogo numa revista, descobri que a construção de parques reduzia a criminalidade. Espantado com a informação, passei a encher as cidades com áreas verdes (que na época apareciam cinza para mim, que jogava num monitor com tela de fósforo branco), e, de fato, a criminalidade ficava mais controlada.

Por muito tempo, a vegetação foi associada ao risco de violência, não a seu controle. Desde o Lobo Mau que abordava a Chapeuzinho Vermelho, quando, desobediente, a menina se embrenhava na floresta, até os relatos dos maníacos que atacavam nas cidades levando as mulheres para o matagal, nada parecia indicar que a vegetação pudesse ter um impacto positivo no crime. Até que alguns estudos começaram a sugerir que as áreas verdes, quando bem cuidadas, não servem, absolutamente, como esconderijo para malfeitos. Ao contrário, estimulam a presença das pessoas nos espaços públicos, aumentando o controle social indireto, a vigilância dos concidadãos uns sobre os outros e assim por diante.

    A prova definitiva veio no início dos anos 2000 por meio de uma pesquisa feita por dois professores da Universidade de Illinois com um grande conjunto habitacional nas cercanias de Chicago. O conjunto de prédios fora construído na década de 1940 e abrigava, mais de meio século depois, uma das populações mais pobres dos Estados Unidos. Dos quase seis mil moradores, 97% eram negros e 93% estavam desempregados por ocasião da pesquisa, metade necessitando de auxílio financeiro do governo para criar os filhos. Embora inicialmente todo o conjunto fosse cercado de árvores e gramado, com o passar dos anos diversas áreas foram sendo pavimentadas de maneira desordenada, criando espaços sem vegetação alguma, outros com um pouco de verde remanescente, mantendo ainda regiões com grande arborização. E como os moradores haviam sido aleatoriamente distribuídos entre as unidades, criou-se ali um laboratório natural para o estudo da interação ambiente-comportamento. Analisando os dados de criminalidade reportados por área, os pesquisadores descobriram que os prédios sem vegetação no entorno eram os mais violentos. Comparados com eles, os que ainda tinham alguma área verde eram alvo de 42% menos crimes, tanto contra pessoa como contra o patrimônio. Os que haviam mantido toda a arborização sofriam 52% menos crimes, sendo 48% menores os crimes contra a propriedade e impressionantes 56% menores os crimes violentos.

Além dos impactos urbanos, como maior participação das pessoas nos espaços públicos, os cientistas levantam como hipótese o impacto psicológico dos ambientes verdejantes. Existem muitas evidências de que o contato com a natureza, seja direto ou mesmo por meio de um vaso em casa, alivia o estresse. A fadiga mental, bastante associada à violência por sua associação com irritabilidade e impulsividade, é sabidamente aliviada por meio desse contato.

Imagino que tenha relação com nossas origens silvestres, das quais nos afastamos ao nos cercarmos de tijolos. Será que parte de nosso estresse com a vida urbana não pode ser resultado desse afastamento? Talvez sim, talvez não. Mas, se você não tem uma janela voltada para árvores, cuide de ao menos ter um vaso no canto da sala, ou mesmo um vasinho em cima da mesa. Vá saber o tanto de estresse que você não estará prevenindo?

(Artigo publicado na edição 321, abril de 2018)

***

Complementando:

"*Existem muitas evidências de que o contato com a natureza, seja direto ou mesmo por meio de um vaso em casa, alivia o estresse*".

O tema da interação entre a natureza e nosso estado mental só cresceu em importância desde que esse artigo foi escrito. Descobri o *hobby* da observação de pássaros e seu poder de me relaxar. E em minhas pesquisas, descobri também que há décadas os japoneses já falam nesse poder do verde sobre nós.

Em 1982, o diretor da Agência Florestal do Japão, Akiyama Tomohide, cunhou o termo *Shinrin Yoku*, usualmente traduzido como banho de floresta. Inspirado nas religiões orientais que propõem a integração com a natureza, a agência passou a recomendar passeios imersivos nos bosques do país como uma prática de vida saudável.

Como muitas práticas inspiradas na tradição e nas religiões, o banho de floresta goza de uma posição ambígua: é visto por alguns com desconfiança por carecer de bases empíricas, ao mesmo tempo que parece a outros promissor por se embasar em práticas milenares, já que o contato com a natureza é uma forma de tratamento alternativo desde a Antiguidade. Confesso que, apesar de cético, resultados como os do artigo original sobre Chicago, além das abundantes evidências dos benefícios do contato com animais, me fazem apostar que deveríamos pelo menos investigar melhor essa prática.

Aparentemente, a balança vem pendendo para esse lado – de que vale a pena investigar –, e, assim como aconteceu com as práticas meditativas nas últimas décadas, o *Shinrin Yoku* começou a ser estudado por meio de pesquisas científicas formais, reunindo cada vez mais evidências de sua eficiência em determinadas situações.

Em 2017 foi publicada uma grande revisão da literatura sobre o tema, reunindo mais de 60 artigos científicos que mediam os resultados do banho de floresta de diferentes formas: impacto na frequência cardíaca, no estresse, no estado de relaxamento, na ativação do sistema nervoso autônomo e na função endócrina. Embora os resultados variem conforme o parâmetro avaliado, o tempo na floresta e a atividade feita ali, os pesquisadores concluíram que, de forma geral, mergulhar na natureza é uma maneira eficaz de combater o estresse do dia a dia. Mais recentemente outro grupo de pesquisa conseguiu analisar conjuntamente os resultados de duas dezenas de estudos, numa meta-análise publicada em 2022. Novamente, apesar de alguma heterogeneidade entre métodos e seu rigor, os cientistas ficaram convencidos da eficácia do *Shinrin Yoku* como forma de aliviar sintomas, particularmente de ansiedade.

Existem duas grandes tendências – inadequadas – que podemos ter com relação a novos tratamentos que começam a chamar atenção: achar que servem para tudo e achar que não servem para nada. Com o tempo, alguns vão se revelar eficazes e outros se mostrarão inócuos, mas nenhum conseguirá alcançar as expectativas se elas forem exageradas. Antes de nos lançarmos afoitamente em algum desses extremos no caso do banho de floresta, vale mais a pena ficar de olho nas pesquisas e acalmar por ora nossa ansiedade. Quem sabe até sentados tranquilamente no bosque.

Referências

HANSEN, M. M. *et al.* "(Forest Bathing) and Nature Therapy: A State-of--the-Art Review". *International Journal of Environmental Research and Public Health*, 14(8), 2017, p. 851.

KOTERA, Y.; RICHARDSON, M. & SHEFFIELD, D. "Effects of Shinrin Yoku (Forest Bathing) and Nature Therapy on Mental Health: a Systematic Review and Meta-analysis". *Int J Ment Health Addiction*, 20, 2022, pp. 337-361.

A EQUAÇÃO FANTÁSTICA DA *SCI-FI*

Há tempos estava no Rio de Janeiro, palestrando a convite da Academia Nacional de Medicina, quando, ao final de minha palestra, o emérito professor Adolpho Hoirisch citou um livro argentino que lera certa ocasião, *Ecuación fantástica*, no qual psicanalistas arriscavam escrever contos de ficção científica. Fã confesso do gênero, não sosseguei enquanto não encontrei um exemplar – com a ajuda da tecnologia, não precisei peregrinar entre sebos e alfarrábios brasileiros ou portenhos, localizando uma edição antiga pela internet após alguns meses de escavação virtual.

Li o livro já faz uns sete anos e confesso que não me lembro de muita coisa. Mas era uma época em que eu estava começando a me tornar mais atuante nas redes sociais e já me chamava atenção a mudança pela qual passava o conceito de privacidade. Parecia – o que o tempo só fez confirmar – que estávamos voluntariamente abrindo mão do que até então era tido como particular, privado, até mesmo secreto, em troca de uma hiperconexão cujos benefícios não me eram muito claros.

Surpreendentemente, um dos contos do livro – publicado na década de 1960 – antecipava em parte esse fenômeno, mesmo sem sequer tangenciar a ideia da internet. Na história, os personagens discutiam a natureza da realidade, os limites da física, num enredo com um quê de onírico, *à la* Luis Buñuel (ao menos é como me lembro dele). Sei que, no final das contas, o protagonista chega à conclusão de que seria possível alcançar a imortalidade se estivéssemos dispostos a abandonar a individualidade. Abolindo os limites entre nós e os outros, a vida tornar-se-ia eterna.

Mesmo não mencionando redes sociais, o conto até hoje me parece profético. Sem antecipar o surgimento de Facebook ou Instagram, o autor – apenas refletindo sobre a natureza humana – é capaz de antever que nosso desejo de perpetuação poderia eventualmente ser alcançado em alguma forma de compartilhamento total. Se ainda não nos demos conta, é exatamente o que acontece na internet – eternizamo-nos na rede, seja em nossas conquistas, seja em nossos vexames, a partir do momento em que tornamos público o que antes era privado. A cada redução da individualidade, nós nos aproximamos da eternidade.

Muitos acreditam que a ficção científica seja um gênero menor, sem a profundidade dos romances psicológicos russos ou a pungência do moderno conto norte-americano. Algo a ser colocado ao lado das histórias de fantasia e dos contos policiais – na prateleira do "romance de peripécia", como o define Jorge Luis Borges no prefácio de *A invenção de Morel*, ela própria uma novela fantástica com tintura de ficção científica. Para Borges, contudo, esse tipo de literatura depende de muito mais rigor do que o "romance sem argumento", como podem ser as histórias que pretendem investigar a natureza humana sem se apegar a uma trama bem construída.

Não podemos negar que haja muita bobagem nesse estilo literário. Mas, como bem colocou o escritor de ficção científica Theodore Sturgeon, se 90% do que se produz nesse estilo é porcaria, é apenas porque 90% de tudo o que a humanidade produz é bobagem, sejam filmes, livros ou produtos de consumo. A ficção científica não é pior, só não foge à regra geral.

Mas o grande trunfo da ficção científica é poder falar de nós sem barreiras. Seja tratando de robôs lutando contra humanos, naves vagando no espaço, desdobramentos de viagens temporais, o tema subjacente seremos sempre nós mesmos, no presente. É a partir de nossas vivências, conflitos, expectativas, medos que os escritores de ficção científica criam seus mundos alternativos. Mas, ao extrapolá-los, levando-os para outros tempos, lugares e realidades, autores e leitores baixam a guarda, permitindo que os temas sejam aprofundados e revelem mais sobre nós mesmos do que se estivéssemos refletindo sobre o aqui e o agora.

(Artigo publicado na edição 322, maio de 2018)

***

Complementando:

"É a partir de nossas vivências, conflitos, expectativas, medos que os escritores de ficção científica criam seus mundos alternativos. Mas, ao extrapolá-los, levando-os para outros tempos, lugares e realidades, autores e leitores baixam a guarda, permitindo que os temas sejam aprofundados e revelem mais sobre nós mesmos do que se estivéssemos refletindo sobre o aqui e o agora".

As palavras têm poder. Poder de cura, inclusive. Se parece uma frase de autoajuda, é porque é isso mesmo. Autoajuda. Baseada em evidências, no caso, mas, ainda assim, autoajuda.

Não precisamos ter vergonha dessa categoria de livros. A autoajuda deve sofrer a mesma influência da lei de Sturgeon: 90% do que se faz é ruim. Mas os 10% restantes fazem o que se propõem: o uso de livros com técnicas e dicas para manejo dos pensamentos, mudança de atitudes, melhora do humor está consagrado no meio científico, tendo passado, inclusive, na dura prova dos ensaios clínicos – pacientes submetidos a terapia tiveram índices de melhora equivalentes àqueles pacientes apresentados a livros específicos para o manejo de seus sintomas. Biblioterapia é o nome dessa área do conhecimento que propõe a utilização de leitura como forma de tratamento. Os estudos mais consistentes testaram livros de autoajuda, que apresentam aos leitores técnicas baseadas no conhecimento psicológico e os ensinam a aplicar em sua vida. Menos estudada, mas também aparentemente promissora, é a prescrição de livros de ficção ou poesia com objetivo de alcançar melhora em determinados sintomas.

É nesse ponto que a ficção científica pode ter um papel mais importante do que imaginamos. Os bons escritores do gênero – assim como os talentosos autores de fantasia ou literatura fantástica – são capazes de criar realidades, em planetas distantes, em mundos paralelos, no futuro, no passado ou num presente alternativo, e nos transportar para lá, onde, apesar de tudo ser muito diferente, as coisas continuam a ser reconhecíveis. Uma das teorias por trás da biblioterapia criativa aposta que esse é o ponto central: as situações aversivas para nós, com as quais evitamos lidar ou de cujo enfrentamento fugimos, podem aparecer transformadas numa narrativa fantasiosa, reduzindo as barreiras para que nos aproximemos delas abrindo porta para o desenvolvimento de novas formas de lidar com aquilo. O processo de reconhecimento de uma situação, identificação com os personagens e desenvolvimento de *insights* e novos pontos de vista pode ser facilitado por esse distanciamento promovido pela ficção.

Quando a identificação é muito intensa – digamos que uma pessoa que esteja sofrendo com conflitos no trabalho se ponha a ler um livro cujo protagonista se encontre na mesma situação –, o efeito pode ser oposto e criar barreiras no leitor para vivenciar o processo terapêutico da leitura. Transformar os conflitos no trabalho em algo fantasioso, como a crise interplanetária gerada por uma disputa entre a tripulação de uma nave espacial, contorna as defesas do leitor, que se vê refletindo sobre um problema análogo ao seu a partir de outras perspectivas.

De fato, as palavras têm poder. Não sempre, claro. E não apenas quando ditas e repetidas superficialmente. Mas, quando bem utilizadas, elas são realmente capazes de curar.

Referência

TROSCIANKO, E. T. "Fiction-reading for good or ill: eating disorders, interpretation and the case for creative bibliotherapy research". *Med Humanit*, 44(3), Sep. 2018, pp. 201-211.

17

UM OLHO NO LIVRO, UM OLHO NO OLHO

Todos os seres vivos têm necessidades básicas para manter essa condição – de seres vivos –, mas a maioria não sabe disso. O leão caça por instinto a gazela que foge sem parar para pensar. Os ursos não têm noção do privilégio que é poder passar meses dormindo – simplesmente se recolhem às cavernas durante o inverno. Nem mesmo os mamíferos aquáticos com cérebro mais avançado refletem sobre o alívio que é poder subir para respirar. Até onde sabemos, apenas nós, seres humanos, analisamos deliberadamente nossas necessidades, hierarquizando--as e classificando-as.

Mas, no fundo, nós não sabemos muito bem o que realmente queremos – ou necessitamos. Isso nunca tinha ficado tão claro até o final dos anos 1950, quando o psicólogo Harry Harlow publicou os resultados do hoje controverso estudo que conduzira na primeira metade do século com macacos-rhesus.

O experimento ficou famoso tanto pelo que tinha de revelador como pelo que tinha de cruel. Harlow separava os filhotes recém-nascidos de suas mães e os colocava com manequins substitutas. Uma era feita de arame, dura e fria portanto, mas tinha mamadeiras repletas de leite. A outra era coberta de uma confortável pelúcia, macia e acolhedora, mas não tinha alimento disponível. Qual seria a necessidade básica dos filhotes? Embora pensemos automaticamente na comida – já que sem ela não há chance de sobrevivência –, os macaquinhos preferiam o colo da manequim que, embora não os alimentasse, os confortava. Passavam quase o tempo todo ali, só se aproximando da outra boneca para mamar, voltando o mais rápido possível. E quando a escolha lhes era tirada, mantendo filhotes em jaulas com apenas uma das manequins, aqueles que ficavam com fome, mas tinham um bom colo, demonstravam menos sinais de estresse do que os bem alimentados, mas privados de conforto.

Agora nos lembremos que esses sujeitos de pesquisa, embora não fossem exatamente voluntários, são nossos parentes próximos. Nós não somos assim tão diferentes: entre acolhimento e alimento, não é tão simples saber o que é mais importante para nós.

Nada ilustra melhor esse dilema do que as contradições enfrentadas pela sociedade diante da evolução da medicina. Em nossa busca por vencer a morte, pressionamos pelo aprofundamento cada vez maior no conhecimento, pelo desenvolvimento de tecnologias, tudo para ficarmos vivos. Mas, quando nos vemos doentes, fragilizados e vulneráveis, passamos a hesitar entre a fria técnica que pode nos salvar e o afável consolo que não muda o prognóstico da doença. Como os macaquinhos tendo que escolher entre comida e colo, queremos sobreviver, mas não ao preço da solidão emocional.

Esse paradoxo não é novo; ele acomete todas as gerações diante do acúmulo de conhecimento.

Vou dizer, o médico antigo que tratava de todas as doenças desapareceu completamente, agora só há especialistas, e eles anunciam o tempo todo nos jornais. Se o seu nariz dói, eles te mandam para Paris: há um especialista europeu lá, que trata de nariz. Você vai para Paris, ele examina seu nariz: Eu só posso tratar da sua narina direita, ele diz, eu não trato narinas esquerdas. Não é minha especialidade, mas daqui vá para Viena, lá há um especialista que pode finalizar tratando sua narina esquerda.

Se o excerto parece contemporâneo, mesmo tendo sido escrito no século XIX por Dostoiévski no romance *Os irmãos Karamazov*, é porque o problema é recorrente. E nada indica que estamos próximos de resolvê-lo.

Ao contrário, a sociedade quer conhecimento cada vez mais especializado oferecido por médicos cada vez mais humanizados. A única saída é olhar nos olhos dos pacientes sem deixar de olhar – ao mesmo tempo – para os livros. As duas necessidades são básicas, afinal de contas. O que significa que nunca ficaremos totalmente satisfeitos em apenas sermos curados.

(Artigo publicado na edição 323, junho de 2018)

***

Complementando:

"Ao contrário, a sociedade quer conhecimento cada vez mais especializado oferecido por médicos cada vez mais humanizados".

Uma das praças mais famosas do mundo é a Piazza di Spagna, em Roma, na Itália, ligada à majestosa escadaria de 135 degraus, inaugurada no século XVIII pelo papa Bento

XIII. Milhares de turistas passam por ali todos os anos para contemplar, entre outras atrações, a *Fontana della Barcaccia*, escultura barroca localizada no centro da praça. Muitas curiosidades devem cercar um local tão movimentado e com tantos anos de história, mas a que nos interessa aqui ocorreu em 1986, quando a rede de lanchonetes McDonalds anunciou a construção de uma lanchonete no local. Inconformado, o jornalista italiano Carlo Petrini encabeçou um protesto contra a *fast-food*, dando origem ao movimento *slow food*. Não se trata apenas de um manifesto em favor de comer devagar, mas de resgatar a apreciação da comida, valorizar seu preparo, refletir sobre a cadeia por trás da refeição, buscando aliar sustentabilidade e sabor, justiça e prazer.

Logo essa reflexão extrapolou os limites da gastronomia, servindo como estopim para o *slow movement*, que defende a desaceleração geral da vida – também não de forma a nos fazer lerdos ou relapsos, mas livres das pressões por tempo e resultados, capazes de refletir acuradamente e desfrutar os momentos. Valores como atenção, humanização, respeito, harmonia e equilíbrio fazem parte da filosofia *slow*, que não por acaso acabou chegando até a medicina, inicialmente também na Itália, onde em 2011 foi fundada a Slow Medicine Society. Com a proposta de dar tempo para médicos e pacientes se conectarem ao longo das consultas, permitindo aos profissionais o estabelecimento de diagnósticos mais completos, levando em conta não apenas os aspectos biológicos disfuncionais dos pacientes, mas sua história, seu entorno, o contexto social e os fatores psicológicos, a *slow medicine*, além de mais humanidade, poderia melhorar o custo-efetividade da saúde, evitando exames inúteis, intervenções apressadas e decisões clínicas inadequadas.

Por coincidência, no ano seguinte, em 2012, a American Board of Internal Medicine lançou nos EUA a iniciativa *choosing wisely* (escolhendo com sabedoria), reunião de recomendações baseadas em evidências com o intuito de reduzir a indicação de exames e tratamentos desnecessários – listas foram criadas a partir de indicações das associações de especialidades, que compilaram procedimentos comuns, mas cuja utilidade é questionável. A lista, pública, serviria tanto para médicos se questionarem como para pacientes conversarem com os profissionais. Mas para isso é preciso que eles tenham tempo para conversar.

A sinergia entre a *slow medicine* e a *choosing wisely* é, de fato, evidente, e as pesquisas mostram que apenas disponibilizar uma lista de recomendações não traz impacto por si só – é preciso intervir de alguma forma para que pacientes e profissionais utilizem-na. Por outro lado, mesmo que gaste mais tempo por consulta, quando há embasamento em evidências para evitar procedimentos desnecessários, existem resultados mostrando economia de recursos hospitalares.

Em resumo, não é preciso abandonar a técnica para fazer arte, assim como não é preciso deixar de ser científico para ser humano. Ou seja, não é preciso deixar de ser médico para ser médico.

Referências

CLIFF, B. Q. *et al.* "The Impact of Choosing Wisely Interventions on Low-Value Medical Services: A Systematic Review". *Milbank Q.*, 99(4), Dec. 2021, pp.1.024-1.058.

MARX, R. & KAHN, J. G. "A Narrative Review of Slow Medicine Outcomes". *J Am Board Fam Med*, 34(6), Nov.-Dec. 2021, pp. 1.249-1.264.

O *BIT* É LIMPO, MAS A *COIN* É SUJA

Há alguns anos, li uma crônica, acho que do Veríssimo, na qual o escritor comentava sobre a extrema preocupação que as mães tinham com a sujeira do dinheiro. As notas, passando de mão em mão pelo mundo – e submundo – do comércio, eram vetadas às crianças, por exemplo. "Menino, não pega em dinheiro porque é sujo!", advertiam, desesperadas. As notas eram o símbolo da sujeira que ameaça a vida. Até serem substituídas pelas transações eletrônicas. Nem a mãe mais neurótica, prosseguia o cronista, poderia sonhar com a esterilidade dos impulsos elétricos. Finalmente o dinheiro estava limpo.

É curioso como uma invenção cultural, sem paralelo na natureza, tem tanto poder sobre a nossa mente. Mesmo sem ter contato com qualquer trocado, simplesmente pensar em dinheiro altera nossa psicologia. Isso ficou muito claro em 2006, quando um trio de pesquisadoras de países e áreas diferentes resolveu investigar o quanto a ideia do dinheiro alteraria o comportamento das pessoas. Unindo o conhecimento das áreas de *marketing* e psicologia, as cientistas americanas e canadenses criaram nove experimentos para testar diferentes aspectos do comportamento passíveis de influência. A pesquisa era simples: inicialmente, os voluntários tinham que desembaralhar palavras soltas para formar frases coerentes. Aí já começavam as diferenças: parte deles recebia sentenças que envolviam diretamente o conceito de dinheiro (por exemplo, criar uma frase com as seguintes palavras: dívidas, meu, pagar, vou, dinheiro, para, usar). Outros voluntários lidavam com frases neutras, mas parte desses o fazia perto de uma pilha de dinheiro de brinquedo.

A partir daí, vários testes foram feitos, revelando diferenças significativas. Apresentado a quebra-cabeças difíceis ou impossíveis de ser solucionados, quem havia pensado em dinheiro levou o dobro de tempo para pedir ajuda a alguém. Se podiam escolher trabalhar individualmente ou em grupo (situação que seria claramente vantajosa), 83% escolheram ficar sós (contra 1/3 dos outros). Quando solicitados a oferecer ajuda, dispuseram-se a colaborar por apenas metade do tempo, se comparados ao outro grupo. Até na situação em que o pesquisador derrubava uma caixa de lápis, eles eram menos prestativos, recolhendo em média 10% a menos de lápis do chão. As pesquisadoras ficaram convencidas, a partir dos resultados, de que, de fato, o dinheiro nos faz ficar mais individualistas e autossuficientes, estimulando comportamentos egoístas.

Curiosamente, contudo, o próprio fato de ser carregado de simbologia faz com que o dinheiro físico contenha alguns de nossos ímpetos menos nobres. O economista comportamental Dan Ariely mostrou de diversas maneiras como é fácil nos enganarmos para pegar o que não é nosso. Numa pesquisa não publicada, ele conta ter deixado, na geladeira do refeitório da universidade, diversas tentações – garrafas de refrigerante, comidas –, e todas iam misteriosamente desaparecendo com o tempo. Mas, quando deixava o valor equivalente em dinheiro exposto no mesmo local, as pessoas eram muito mais receosas de se apropriar do que não era delas. Conforme nos afastamos do dinheiro, mais tranquilamente nos convencemos de que não há nada errado. Se isso acontece quando caminhamos das notas e moedas em direção aos objetos que elas compram, imagine o que não pode acontecer quando migramos para o mundo virtual.

Pois é exatamente nessa direção que toda a limpeza dos impulsos elétricos em vez de grana viva pode nos levar.

(Artigo publicado na edição 324, julho de 2018)

***

Complementando:

"É curioso como uma invenção cultural, sem paralelo na natureza, tem tanto poder sobre a nossa mente".

A Inteligência Artificial (IA) é um dos vilões de mais sucesso nos filmes de ficção científica desde pelo menos a década de 1940, quando o prolífico escritor Isaac Asimov apresentou ao mundo a ideia dos cérebros positrônicos, que permitiam aos robôs desenvolver consciência de modo a agir de forma autônoma, realizando, inclusive, julgamentos morais. O Bom Doutor, como era conhecido Asimov, foi previdente o bastante para incluir as famosas três leis da robótica em suas histórias, regras obrigatórias na construção de qualquer cérebro positrônico:

- 1ª Lei: Um robô não pode ferir um ser humano ou, por inação, permitir que um ser humano sofra algum mal.

- 2ª Lei: Um robô deve obedecer às ordens que lhe sejam dadas por seres humanos, exceto nos casos em que entrem em conflito com a 1ª Lei.
- 3ª Lei: Um robô deve proteger sua própria existência, desde que tal proteção não entre em conflito com a 1ª ou a 2ª Leis.

Uma das fontes mais exploradas de suas histórias sobre robôs vem dos paradoxos que podem surgir da aplicação rígida de cada uma das regras, ignorando contextos e valores além delas mesmas. De lá para cá, é difícil enumerar quantas obras já colocaram a humanidade contra máquinas que se tornam inteligentes e tentam nos fazer mal.

Mesmo sem ganhar consciência, no entanto, existem preocupações menos apocalípticas, e até por isso mais reais, com possíveis consequências do uso da IA. Uma delas é que a IA se coloque como intermediária entre as pessoas e os comportamentos antiéticos, ou mesmo criminosos, ampliando a desonestidade das pessoas. Assim como quando pegamos um biscoito dos outros no refeitório não temos sensação de estar roubando, ou como parece que não estamos gastando dinheiro se pagamos com um clique em *sites* de compras, se alguns trabalhos sujos forem automatizados por algum algoritmo, as pessoas se sentirão menos constrangidas de se aproveitar dele.

Em 2021, cientistas do Instituto Max Planck e da Universidade de Toulouse propuseram uma classificação das possibilidades de atuação desonesta dos algoritmos. Eles poderiam ser influenciadores, exibindo ou mesmo recomendando atitudes antiéticas, ou então poderiam ser facilitadores, tanto como parceiros ou mesmo como fornecedores. Baseando-se nos modelos de psicologia e ética comportamental e vasculhando as evidências até então disponíveis, não parece que a IA faça grande diferença como garota-propaganda do egoísmo desonesto – ela não nos influenciaria tanto na direção errada. (Não mais do que outras pessoas dando o mesmo exemplo, embora, como seu alcance pode ser escalonado, ela talvez obtenha mais impacto na vida real da sociedade.) O grande problema, no entanto, seria delegar à IA algumas atitudes questionáveis, como manipular o mercado ou distorcer informações, o que, sabidamente, traz aquela conhecida sensação para as pessoas de que "não fui eu, foi ele". Aqui, a IA poderia potencializar, e muito, o comportamento desonesto das pessoas.

Não precisamos banir a Inteligência Artificial, as criptomoedas ou a internet. Elas podem ser bem utilizadas para rastrear a corrupção e combater diversas modalidades de crime. Mas, se não pensarmos a questão por todos os lados, essas tecnologias podem muito bem criar mais problemas do que soluções.

Referência

KÖBIS, N.; BONNEFON, J. F. & RAHWAN, I. "Bad machines corrupt good morals". *Nat Hum Behav*, 5, 2021, pp. 679-685.

TUDO É LÍCITO QUANDO CONVÉM

Passamos a vida numa incessante contabilidade pesando custos e benefícios. Se decidimos comer sobremesa é porque consideramos o prazer daquele momento maior do que o custo dos quilos extras adicionados. Ao ler este livro você paga o preço de deixar de fazer outras coisas porque acha que vale a pena. Quando optamos pelo casamento o fazemos por considerar o benefício de uma relação estável maior do que o custo de abrir mão de continuar experimentando novos relacionamentos.

Socialmente também fazemos essas contas. Ter eletricidade nas casas traz o risco de levarmos choque – alguns fatais –, risco que assumimos alegremente em troca do conforto que ela traz. Por que, então, não limitamos a velocidade dos carros a 10 km por hora? Porque aceitamos o risco de algumas vidas se perderem em prol dos benefícios de podermos ir mais rápido.

A regulamentação das substâncias como lícitas ou ilícitas segue a mesma lógica. No século XIX, por exemplo, a heroína era um medicamento vendido livremente como alternativa à viciante morfina. Era vendida nas prateleiras, sendo usada para dores, insônia e como uma forma muito eficaz de combater a tosse em tuberculosos. Quando descobriram que a dependência que ela causava era tão intensa quanto a da morfina, ela não deixou de ser vendida, só passou a ter a venda controlada. Apenas quando surgiram alternativas para a dor e a tuberculose, ela foi banida. O que define se uma droga será proibida ou permitida não é o mal que faz, mas o benefício que oferece em relação ao custo que impõe. É muito mais uma questão de conveniência do que de consciência.

Outro exemplo vem da Segunda Guerra Mundial. Estudando documentos da época, o jornalista alemão Norman Ohler descobriu que a metanfetamina – cujos devastadores efeitos foram popularizados pelo seriado *Breaking Bad* – era de uso corrente entre os soldados de Hitler. Ele conta a história no livro *High Hitler*: mesmo diante das evidências de que ela causava dependência, surtos psicóticos e até a morte em alguns casos, a energia que dava para os soldados, que sentiam menos fome, sede e sono, manteve sua prescrição ativa até o final da guerra.

A história do LSD não é tão diferente. Os efeitos dos alcaloides do esporão do centeio eram conhecidos havia tempos – os fungos do gênero *Cleviceps* produzem esporões que contaminam plantações de centeio. Na Idade Média, ele acabava no pão de cidades inteiras, causando o Fogo de Santo Antônio, com sintomas que iam de mal-estar e vômitos até sensação de agulhadas na pele, gangrenas e convulsões. Na primeira metade do século XX, o químico Albert Hofmann, estudando os efeitos dos alcaloides, sintetizou uma substância parecida – o *Lysergsäurediethylamid* (dietilamida do ácido lisérgico), de onde vem a sigla LSD. Conta-se que, ao ingerir por acaso uma quantidade, ele teria identificado o potencial psicotrópico, mais tarde testado formalmente em si mesmo, em 1943.

Imediatamente, a droga passou a ser usada clinicamente na psiquiatria, ao mesmo tempo que artistas tentavam aumentar seu potencial criativo com a substância e os Estados Unidos sonhavam com uma forma de controlar as mentes a partir dela. Os seus efeitos colaterais, como a indução de psicoses ou *bad trips*, não eram ignorados. Mas, até que novas alternativas para os tratamentos psiquiátricos ganhassem mercado, o LSD foi mantido no mercado, sendo proibido só nos anos 1960.

Agora que muitos casos de depressão, ansiedade e estresse pós-traumático vêm desafiando a moderna psicofarmacologia, quando os medicamentos usuais progressivamente demonstram menos eficiência com o passar do tempo, assistimos ao renascimento dos experimentos com o LSD.

Não adianta pensarmos se é certo ou errado. A resposta que temos que buscar é simplesmente se vale o risco.

(Artigo publicado na edição 325, agosto de 2018)

***

Complementando:

"Agora que muitos casos de depressão, ansiedade e estresse pós-traumático vêm desafiando a moderna psicofarmacologia, quando os medicamentos usuais progressivamente demonstram menos eficiência com o passar do tempo, assistimos ao renascimento dos experimentos com o LSD".

Um dos personagens mais famosos da literatura brasileira, nascido da pena de Ariano Suassuna e popularizado em suas adaptações para cinema e TV, é o malandro Chicó, protagonista de *O auto da compadecida*. Ele está sempre atrás de planos mirabolantes para se dar bem, para os quais inventa histórias no limite da verossimilhança. Quando algum desconfiado capta uma lacuna e questiona um ponto obscuro em sua fala, ele logo responde: "Não sei. Só sei que foi assim". É um recurso ardiloso, que tenta afirmar a veracidade do que diz – "foi assim" – enquanto foge à responsabilidade de dar mais explicações com um aparentemente sincero "não sei".

O renascimento das drogas psicodélicas como medicação traz um pouco essa sensação que temos diante da justificativa de Chicó. Após décadas banidas dos laboratórios farmacêuticos, no século XXI elas voltaram com força trazendo um gosto de velhas novidades nos tratamentos de depressão e ansiedade. Velhas, porque não é de hoje que se conhecem os efeitos psicotrópicos dessas substâncias, e há muito se credita a elas potencial terapêutico. Novidades, contudo, porque, ao contrário do que aconteceu no século passado, a sociedade parece estar mais aberta para aceitar que elas sejam estudadas formalmente e com rigor científico, comprovando – ou não – suas promessas.

Fato é que muitas pesquisas vêm sendo publicadas demonstrando resultados positivos com o uso dessas antigas drogas novas – psilocibina, quetamina, ecstasy (MMDA), todas têm sido aprovadas nos testes a que vêm sendo submetidas: aqueles ensaios clínicos dividindo aleatoriamente pacientes para tomar medicação ou placebo, nos quais nem médicos nem pacientes sabem quem recebe o quê. Ainda vai um caminho até que cheguem às farmácias, mas é um caminho que está, sem dúvida, sendo trilhado.

O efeito Chicó vem quando perguntamos como essas drogas agem. O "foi assim" está cada vez mais estabelecido – elas de fato funcionam. Mas o "não sei" é inescapável quando nos perguntamos por que funcionam. Existem algumas ideias bastante interessantes, contudo.

Os quadros ansiosos e depressivos costumam ser marcados por padrões de pensamento recorrentes, que podem ser ao mesmo tempo causa e consequência do sofrimento. Por estar deprimida, uma pessoa foca excessivamente os aspectos negativos de qualquer experiência, o que só a faz piorar, vendo mais o lado ruim e assim por diante. Técnicas como terapias cognitivas tentam ajudar os pacientes a quebrar esse padrão de pensamento, com sucesso às vezes maior, às vezes menor, no alívio dos sintomas. Antidepressivos tradicionais miram diretamente nos sintomas esperando que sua redução mude o padrão de pensamentos. Já as drogas psicodélicas possivelmente reiniciam o sistema todo de uma vez, tanto por sua ação nos neurônios, afrouxando transitoriamente as conexões entre eles e permitindo que sejam remodeladas, como pela apresentação de novas perspectivas para interpretar as mesmas situações, num efeito psicológico da alteração do estado de consciência.

Como vimos no capítulo 15 ("Verde, cor da paz") sobre o *Shinrin Yoku*, é normal que novos tratamentos empolguem as pessoas com sua promessa de ser a nova panaceia. O tempo se encarrega de separar empolgação de realidade, e as indicações mais precisas vão sendo estabelecidas com mais pesquisas. Que quem sabe nos livrem, finalmente, do "não sei", deixando-nos apenas com o "foi assim".

Referência

MUTTONI, S.; ARDISSINO, M. & JOHN C. "Classical psychedelics for the treatment of depression and anxiety: A systematic review". *J Affect Disord*, 258, Nov. 2019, pp. 11-24.

A DEMOCRACIA NOS COBRA UM PREÇO

Imagine chegar a uma terra inexplorada, sem qualquer infraestrutura, sem ter alimentos garantidos, e onde ainda por cima o inverno é rigoroso, com nevascas brutais. Não sei você, mas, se eu conseguisse sobreviver no primeiro ano e tivesse uma boa colheita, acharia bem justificável reunir a família para celebrar. E foi mais ou menos assim que nasceu o Dia de Ação de Graças nos Estados Unidos. Eu já peguei uma nevasca na Costa Leste, onde os pioneiros chegaram, e fiquei só imaginando o que terá sido atravessar aqueles tempos sem luz elétrica nem *wi-fi*. Tenso.

Até hoje a celebração do *Thanksgiving* é uma das datas mais importantes para os americanos, mobilizando membros das famílias ao redor do país para se reunirem num jantar anual, comendo o tradicional peru. Os jantares duram horas, come-se muito e fala-se sobre tudo. Inclusive sobre política. O que ameaça a paz familiar.

A polarização política não é privilégio brasileiro. Nos EUA, as brigas entre democratas e republicanos por vezes são até mais viscerais do que entre nós, e lá, como cá, vêm interferindo na convivência harmoniosa entre parentes. E isso não é só uma especulação – é um fato cientificamente comprovado.

No ano de 2016, o republicano Donald Trump foi eleito presidente poucos dias antes da celebração da Ação de Graças, comemorada na quarta quinta-feira de novembro. O país estava dividido, as discussões eram intensas. Então, alguns cientistas quiseram verificar, na prática, se isso interferiria no jantar em família. Reuniram dados de localização de dez milhões de celulares, bem como seus deslocamentos pelo país. Assim, conseguiram determinar a residência de mais de seis milhões de pessoas, descobrindo para onde viajaram no *Thanksgiving*. Com os resultados da votação compilados por região, foram capazes também de verificar se elas vinham de (e se iam para) redutos republicanos ou democratas. A partir daí, foi fácil calcular a chance de um jantar terminar em briga: alguém indo de um lugar em que Trump teve mais de 90% dos votos para outro em que Hillary teve essa mesma margem tinha um alto risco de votar diferente de seus parentes. E, como era de esperar, ainda se baseando nos dados de GPS, nas casas em que não havia homogeneidade política, os jantares foram 38 minutos mais curtos do que a média geral (que foi de quatro horas e meia).

É uma pena. Mas é um dos preços cobrados pela democracia. Dar voz a todos é permitir a discórdia aberta. Num regime em que a opinião não seja livre, em que as pessoas sejam obrigadas a concordar e o dissenso seja vetado, os jantares em família talvez sejam mais harmoniosos. Mas quando podemos expressar livremente ideias e ideais divergentes, as conversas fatalmente levarão a discórdias.

Não significa que estejamos fadados às brigas. Elas ocorrem apenas quando esquecemos que a essência da democracia é esse jogo de tensões que, puxando daqui e empurrando dali, encaminham as sociedades a direções mais desejáveis para a coletividade. A discórdia pode não ser agradável, mas ainda assim pode ser muito boa.

(Artigo publicado na edição 327, outubro de 2018)

***

Complementando:

"[...] a essência da democracia é esse jogo de tensões que, puxando daqui e empurrando dali, encaminham as sociedades a direções mais desejáveis para a coletividade".

Atribui-se a Paracelso, médico e alquimista da Renascença, a frase segundo a qual a diferença entre o remédio e o veneno é apenas a dose. "Todas as substâncias são venenos, não existe nada não venenoso. A dose correta unicamente diferencia o veneno do remédio", segundo ele. Se vale para fármacos – palavra que no original grego se refere tanto a medicamentos como a substâncias tóxicas –, muitas vezes vale também para comportamentos.

Tomemos a tendência à oposição. Ela pode ser um problema – por vezes grave – quando sai do controle em crianças. É o que acontece no Transtorno Opositor Desafiante: embora seja normal (e até saudável) que crianças questionem e perguntem os porquês das coisas, muitas vezes tirando pais e professores de suas zonas de conforto, na medida em que precisam justificar o que lhes parece óbvio, esse comportamento quando fora de controle pode ser prejudicial – e até mesmo perigoso – para o desenvolvimento normal. Não se trata de desobediência ocasional ou de questionamentos saudáveis, mas de crianças que sofrem, sentem-se irritadas, bravas, ressentidas, usando a quebra de regras como meio de agredir de volta pais, professores e colegas. Não o fazem apenas de maneira passiva, ignorando normas, mas ativamente desafiando mesmo regras simples – daí "oposição" –, gerando um transtorno para si mesmas e para seu entorno. Muitas vezes o quadro melhora com o tempo, quando não existem outros problemas clínicos por trás dos sintomas, mas eventualmente psicoterapia individual ou em grupo e terapia de família são importantes para amenizar o sofrimento dos envolvidos.

Na dose certa, entretanto, a oposição é extremamente importante para ajudar a manter o equilíbrio nos grupos. Ter alguém "do contra", que seja capaz de discordar e levantar pontos de vista alternativos, é a melhor estratégia para evitar o fenômeno conhecido como pensamento de grupo. Pessoas reunidas com objetivos em comum, por mais que sejam diferentes entre si, têm a tendência a se alinhar na mesma direção, impedindo que correções de rumo sejam adotadas quando necessárias, dada a coesão exagerada e disfuncional do grupo. Decisões irracionais ou ineficientes são tomadas de forma consensual na medida em que ninguém quer ser visto como traidor, desertor ou "do contra", acreditando que manter a unidade é mais importante do que qualquer coisa. Sem uma estrutura de oposição criada, autorizada e validada, facilmente os grupos de trabalho, nos mais variados contextos, caem nessa armadilha, pois as pessoas podem, de fato, não enxergar mais os problemas – nem é preciso que se calem, elas simplesmente deixam de ver o que está errado.

Daí a importância de sempre haver um "advogado do diabo", alguém com o papel de pensar "e se": e se não for bem assim? E se estivermos errados? A voz dissonante pode romper padrões de pensamento de grupo disfuncionais e prevenir aqueles erros unânimes que posteriormente serão injustificáveis.

O empurra-empurra das democracias por vezes retarda avanços que nos parecem obviamente necessários. Mas é parte do jogo, porque aquilo que para nós parece óbvio para outro parece absurdo – e ninguém sabe de antemão quem está com a razão.

Referência

MACDOUGALL, C. & BAUM F. "The Devil's Advocate: A Strategy to Avoid Groupthink and Stimulate Discussion in Focus Groups". *Qualitative Health Research*, 7(4), 1997, pp. 532-541.

21

OS *ALIENS* AZUIS ESTÃO ENTRE NÓS

Em 2017, a Terra foi invadida por *aliens*. Centenas de terráqueos puseram os olhos nos seres coloridos que se comportavam de forma estranha. Alguns cuspiam nos amigos, batiam neles, enquanto outros distribuíam flores e afagos. As pessoas estavam vendo tudo; por isso, quando um novo ato desagradável ocorreu, foram consultadas sobre quem seria o autor: um vermelho, um amarelo ou um azul. E, para desespero destes últimos, os mais inteligentes dentre nós foram os que mais culpa lhes atribuíram, mesmo quando eram inocentes.

Se eu tivesse o talento de Orson Welles, seguiria em frente com a história, como ele fez com uma há 80 anos, adaptando o romance *A guerra dos mundos* para um programa de rádio. A emissora recebeu cartas indignadas com a brincadeira, inclusive com queixas de ouvintes que acreditaram tratar-se de uma invasão real. Como não tenho esse talento, vamos aos fatos. Nossa invasão é, na verdade, um estudo da Universidade de Nova York.

Cientistas aplicaram testes de QI em voluntários e depois apresentaram uma série de seres ficcionais, descrevendo seus comportamentos. Sem deixar explícito, eles atribuíram 80% dos atos negativos aos *aliens* azuis. Posteriormente, pediam para as pessoas dizerem quem elas achavam que tinha batido num colega. Quanto mais inteligentes as pessoas, mais elas diziam que tinha sido um azul. A capacidade de reconhecer padrões intuitivamente as levou a detectar essa probabilidade, mesmo com o risco de incriminar inocentes. Afinal, não era possível afirmar nada sobre um ET azul em particular só porque vários de seus semelhantes eram desagradáveis. A isso chamamos estereótipos. Afirmar algo sobre alguém após enquadrá-lo em determinado grupo.

O mais incômodo, para mim, é constatar que os estereótipos não ocorrem no vazio. Embora não pudessem afirmar nada sobre um *alien* azul, que podia bem não ter feito nada demais, as pessoas desenvolviam uma convicção sobre eles baseadas no fato de um grupo apresentar em média mais comportamentos negativos. E esse é o grande desafio do convívio em sociedade – superar as certezas advindas de padrões.

Homens demonstram menos as emoções do que mulheres. São mais agressivos. Cometem mais crimes do que elas. Somos os *aliens* azuis. De forma geral, não podemos negar que existe essa prevalência em nosso meio. Mas não significa que todos os homens ajam assim, muito menos que mulheres não possam ser agressivas. E, claro, nem de longe justifica que sejam vítimas de tantos crimes ligados ao gênero.

A saída, por paradoxal que pareça, também está na inteligência. O mesmo estudo mostrou que ela ajuda a desfazer os estereótipos que cria. Com relação ao gênero, particularmente, quando eram apresentados exemplos de mulheres fortes e não submissas, as pessoas mais espertas eram aquelas que mais rapidamente deixavam os estereótipos.

O problema, então, não é perceber que homens tendem a ser de uma forma e mulheres, de outra. O perigo é fazer disso uma lei e querer obrigar todos a se encaixarem nesse modelo. Isso, sim, é garantia de sofrimento – algo que ninguém inteligente quer causar.

(Artigo publicado na edição 328, novembro de 2018)

***

Complementando:

"Se eu tivesse o talento de Orson Welles, seguiria em frente com a história, como ele fez com uma há 80 anos adaptando o romance A guerra dos mundos *para um programa de rádio. A emissora recebeu cartas indignadas com a brincadeira, inclusive com queixas de ouvintes que acreditaram tratar-se de uma invasão real".*

O episódio desse programa de rádio transmitido como especial de *Halloween* em 1938 pelo jovem diretor de cinema Orson Welles é interessante tanto por aquilo que realmente aconteceu como pela lenda que se criou ao seu redor. É a história de como uma notícia falsa pareceu real, mas ao mesmo tempo é a história de como notícias falsas cercaram o evento desde então.

Welles tinha um programa na rádio CBS, no qual fazia adaptações de clássicos da literatura para o formato de rádio. Em seus roteiros, ele modificava a história para que ela dialogasse de novas maneiras com o ouvinte – a adaptação de *Júlio Cesar* de Shakespeare, por exemplo, ganhou personagens inspirados no nazifascismo, trazendo a narrativa para perto da realidade de então. *A guerra dos mundos*, do escritor inglês

H. G. Wells, foi a obra escolhida para ser adaptada em outubro daquele ano, em comemoração ao Dia das Bruxas.

Dessa vez, eles optaram por um caminho diferente: ao começarem o programa, fingiram tratar-se de uma transmissão comum, com músicas e propagandas, mas, aos poucos, introduziram boletins, inspirados no livro de Wells, dando conta das notícias de eventos estranhos que estariam ocorrendo em Nova Jersey. Com o transcorrer dos minutos, as informações se tornaram mais frequentes e dramáticas, deixando claro finalmente que se tratava de uma invasão marciana. Na parte final, ouve-se o monólogo de um dos sobreviventes do ataque, relatando o que vê.

Por muito tempo se acreditou que uma histeria coletiva acontecera após o programa, com pessoas desesperadas saindo às ruas, temendo que uma guerra dos mundos houvesse começado. Jornais no dia seguinte descreveram multidões assustadas e pessoas em pânico indo parar em hospitais, numa onda de terror inédita na história do país. Estudos mais rigorosos feitos posteriormente, levando em conta a audiência dos programas à época, investigando registros de admissões hospitalares e analisando as cartas recebidas pela emissora, mostraram que, se houve realmente pessoas amedrontadas, a reação passou muito longe do desespero relatado nos jornais pelos dias seguintes.

Poderíamos chamar de um caso de *meta-fake news*, já que notícias falsas foram divulgadas sobre uma notícia falsa. Embora algumas pessoas tenham acreditado no programa, depois disso *muitas acreditaram que muitas haviam acreditado*. Faz pensar na estrutura subjacente aos boatos bem-sucedidos: eles surgem em contextos de ansiedade, preocupação diante de situações pouco compreendidas, com informações incompletas;

apresentam explicações mais ou menos plausíveis, preenchendo as lacunas de informação, o que traz conforto para as pessoas, já que a ansiedade pelo inexplicado é bastante desconfortável; e então são disseminados, ganhando cada vez mais ar de verdade à medida que são divulgados.

Se o mundo era complicado no final dos anos 1930 a ponto de dar origem a um episódio com múltiplas camadas de notícias falsas como esse, imagine no século XXI, com sua complexidade crescente e a interconexão total entre as pessoas. Não espanta que o combate às *fake news* seja um dos grandes desafios do século, com impactos negativos da saúde ao meio ambiente. Mais do que invasões marcianas, talvez essa seja nossa verdadeira guerra no mundo.

Referência

DIFONZO, N.; BORDIA, P. & ROSNOW, R. *Reining in rumors Organizational Dynamics*, 23(1), 1994, pp. 47-62.

NOSSO DESCONHECIDO EU DO FUTURO

Os paralelos entre o humor e as ciências, particularmente entre a comédia *stand up* e a psicologia, renderiam por si sós um tratado. Para ficar num só exemplo, o genial Jerry Seinfeld tem uma sequência na qual reflete sobre o conflito entre o cara da noite e o cara do dia. Parece que, na hora de dormir, nós ficamos divididos em dois. Quando estamos adiando o sono, assistindo à televisão até tarde, encarnamos o cara da noite: pouco nos importa o sofrimento que inevitavelmente acontecerá à hora de acordar. Afinal de contas esse é um problema de outra pessoa, é algo que o cara do dia terá que enfrentar, não o cara da noite. Claro que, quando toca o despertador, o cara do dia acorda morrendo de sono. Mas não adianta ficar com raiva do cara da noite, porque eles nunca se encontram para chegar a um acordo sobre a melhor hora de desligar a TV.

Brincando com essa questão prosaica do nosso cotidiano, Seinfeld lança luz sobre um fenômeno psicológico que traz impacto em questões muito mais profundas do que uma sonolência diurna: o desconto hiperbólico. Trata-se, em linhas gerais, de dar mais valor para o presente do que para o futuro. Muito mais.

Por exemplo: se você fosse obrigado a levar um choque, preferia enfrentar a dor de um choque agora ou de dois choques daqui a cinco anos? A maioria das pessoas joga para o futuro, porque as coisas que estão longe de nós temporalmente parecem perder importância, é difícil antever seu impacto.

É assim que surge o conflito entre o cara do dia e o da noite. Se ocorressem ao mesmo tempo, o benefício de enrolar para dormir não superaria o sacrifício para acordar. Mas, como a recompensa da TV é imediata e a punição do despertador é futura, a primeira parece mais intensa do que a segunda. E é assim também que engordamos: o prazer do bolo agora parece-nos maior do que o castigo da diabetes daqui uns anos. O mesmo para o desafio de criar uma previdência: gastar agora traz uma sensação boa mais intensa do que a tranquilidade da segurança na velhice.

Para enfrentarmos o aquecimento global temos que convencer as pessoas a pagar um preço agora – que parece grande, por ser imediato – em troca de um benefício futuro – que parece pequeno, por estar distante. Mesmo racionalmente compreendendo, é difícil agir.

Uma boa maneira de combater esse fenômeno é aproximar psicologicamente de nós as consequências negativas que estão temporalmente distantes. Este ano pesquisadores de Taiwan testaram essa hipótese, pedindo a voluntários que lessem sobre o aquecimento global e depois dividindo-os em três grupos – um apenas lia o artigo, outro devia descrever o que imaginava serem algumas consequências futuras, e o terceiro fazia o mesmo, mas detalhando ao máximo, pensando no impacto na própria vida, em sua família, no seu bairro. Embora as informações tenham sido as mesmas para os três grupos, o último foi o que mais teve seu comportamento modificado em função delas.

Seja para emagrecer, poupar ou para cuidar do planeta, não basta pensar no futuro. É preciso trazê-lo até nós.

(Artigo publicado na edição 329, dezembro de 2018)

***

Complementando:

"O mesmo para o desafio de criar uma previdência: gastar agora traz uma sensação boa mais intensa do que a tranquilidade da segurança na velhice".

Exercícios de imaginação como o proposto para os voluntários em Taiwan citado nesse artigo podem ser uma boa ferramenta para tentarmos antecipar as consequências de nossas ações e, com isso, decidir melhor no presente. Mas nada se compara a ver o futuro com os próprios olhos – as imagens reais, vívidas, com sua nitidez e materialidade, têm um poder que a imaginação talvez tenha dificuldade de alcançar. Se pudéssemos espiar lá na frente, será que isso não nos faria tomar decisões mais acertadas? A cigarra da fábula sabia que mais tarde viria o inverno – era a mesma coisa todo ano, afinal –, mas, se tivesse visto a fome imposta pela neve, não teria trabalhado ao menos um pouquinho?

Uma forma de testar essa ideia foi posta em prática por cientistas da Universidade de Stanford, EUA. Eles reuniram voluntários – jovens com média de 20 anos – e perguntaram como eles utilizariam US$ 1.000,00 que ganhassem inesperadamente. Havia quatro opções, e era permitido distribuir o valor entre elas: comprar algo para alguém especial; investir em previdência; fazer algo muito divertido e extravagante; ou simplesmente pôr o dinheiro numa conta corrente.

Antes de decidirem sobre a alocação do dinheiro, eles colocavam óculos 3D e entravam num cômodo virtual no qual podiam dar uma volta. Numa parede, havia um espelho pendurado, e, quando os voluntários olhavam para ele, deparavam com uma imagem de si mesmos. Para uma parte do grupo, era a imagem atual digitalizada, mas, para outra parte, tratava-se de uma imagem envelhecida por computação gráfica, mostrando a provável aparência da pessoa com 70 anos de idade. Apenas depois disso eles completavam a tarefa envolvendo o dinheiro. O resultado foi que os participantes que se viram no futuro, mais velhos, alocaram em média mais do que o dobro de dinheiro que os outros na previdência privada. Serem forçados a pensar no futuro ao se contemplarem idosos, meio século à frente, fez diferença nas decisões presentes daqueles jovens. Os cientistas modificaram os cenários, mostrando apenas fotos de pessoas mais velhas, mas isso não trouxe o mesmo efeito. Por outro lado, mesmo sem o apelo realístico da imersão em realidade virtual, apenas ver a própria foto envelhecida, com rugas e cabelos brancos, já modificava o padrão de investimento dos voluntários, tornando-os mais poupadores.

Hoje, com os aplicativos de celular e filtros de fotografias, podemos parecer como bem quisermos – jovens, magros, loiros, felizes. Talvez seja hora de transformá-los também numa ferramenta para mostrar para nós mesmos uma realidade futura menos edulcorada, levando-nos a conhecer o futuro e impedindo-nos de tomar decisões considerando apenas a recompensa imediata.

Referência

HERSHFIELD, H. E. *et al.* "Increasing saving behavior through age-progressed renderings of the future self". *JMR, Journal of marketing research*, 48, 2011, S23-S37.

SERES HUMANOS DE FASES

Certamente você já ouviu as mais variadas histórias sobre a influência da Lua na vida dos seres humanos. Suas fases, afirma a sabedoria popular, aceleram o crescimento dos cabelos, estimulam o nascimento dos bebês, propiciam sorte ou azar dependendo da interpretação de quem está falando. E olhe que pode ser muito difícil contra-argumentar.

De fato, é quase impossível não enxergar a influência dos astros na vida cotidiana. Pensemos no Sol: tendo evoluído num mundo marcado por importantes ciclos naturais determinados por ele – dia e noite, estações do ano –, estamos adaptados para funcionar de forma cíclica. Despertamos pela manhã, temos sono ao escurecer, somos mais ativos no calor, poupamos energia no frio e assim por diante.

Já a Lua, embora menos determinante, não passa despercebida. Suas fases alteram a luminosidade da noite todos os meses – o que deveria ser ainda mais evidente num mundo pré-industrial –, além de causar uma visível mudança nas marés, só para ficar em dois exemplos. Não espanta, portanto, que comportamentos cíclicos passassem a ser correlacionados com suas fases.

O primeiro sentido da palavra lunático, por exemplo, referia-se às pessoas com epilepsia. No Evangelho de Mateus, um homem se aproxima de Jesus clamando: "Senhor, tem misericórdia de meu filho, que é lunático e sofre muito; pois muitas vezes cai no fogo, e muitas vezes na água" (Mateus 17:15). No grego original, a palavra lunático é *seléniazomai* – "influenciado pela Lua" (Selene é o nome da Lua em grego). A descrição do pai, contudo, é tão típica de epilepsia que as novas traduções da Bíblia trazem o termo epiléptico. E com o tempo a Lua passou a ser culpada por muitas alterações comportamentais. Na peça *Otelo*, por exemplo, Shakespeare afirma com todas as letras: "É efeito do desvio da Lua; ela aproxima-se agora mais da Terra do que de hábito, e deixa os homens loucos".

Como o cérebro é ávido por encontrar padrões, depois que imaginam relações entre quaisquer sintomas – fases depressivas, acessos de fúria, o que for – e as fases da Lua, as pessoas passam a prestar atenção às evidências que confirmam sua teoria, ignorando as que a contrariam. Tanto que até mesmo profissionais de saúde que dão plantão em maternidade têm a sensação de que trabalham mais na Lua cheia – o que os dados frios mostram ser apenas mais um mito.

Hoje não se tem dúvida de que não há relação entre sintomas psiquiátricos e as fases da Lua. Claro que nem todo padrão reconhecido é falso. Pode ser o caso de haver correlação entre a fase da Lua e determinado fenômeno humano. No Reino Unido, por exemplo, registrando as crises ocorridas num serviço de epilepsia ao longo do ano, cientistas verificaram que havia menos crises quanto maior a superfície da Lua iluminada. Antes que os místicos pudessem comemorar, contudo, as análises mostraram que essa relação não existia quando se levava em conta a luminosidade da noite. Ou seja, a Lua até interferia nas crises, mas apenas na medida em que contribuía (ou não) com sua claridade.

Quando entrar numa discussão lunática, portanto, apegue-se à velha máxima: "Correlação não é causa".

(Artigo publicado na edição 330, janeiro de 2019)

***

Complementando:

"Pensemos no Sol: tendo evoluído num mundo marcado por importantes ciclos naturais determinados por ele – dia e noite, estações do ano –, estamos adaptados para funcionar de forma cíclica".

A maior influência que o Sol e a Lua têm em nosso comportamento – a divisão entre dia e noite – é tão óbvia que espanta pensar como os cientistas demoraram a se aprofundar em seu estudo. De fato, todos os seres vivos em nosso planeta apresentam preferências claras pelos diferentes momentos de um dia: há os animais notívagos, os diurnos, as flores que desabrocham ao entardecer e as que preferem a manhã – os nichos de tempo e luminosidade foram sendo preenchidos conforme as pressões evolucionárias empurravam mais para lá ou mais para cá.

Os seres humanos são descendentes de mamíferos diurnos, exibindo uma preferência geral pela atividade ao longo do dia, descansando durante a noite. Mas é claro que essas tendências variam entre a população, havendo os mais matutinos, aqueles sem preferência tão marcada e os vespertinos convictos. Em casos extremos, há uma pequena parcela da população com inversão total – trata-se da síndrome do atraso da fase do sono, na qual o sono chega atrasado, no fim da noite, mantendo a pessoa dormindo ao longo do dia.

Mesmo fora de casos tão extremos, o desencontro entre essas preferências pode trazer impacto na qualidade dos relacionamentos. Quando casais são formados por diurnos e vespertinos, nem sempre as coisas vão bem. Não apenas por conta das diferenças de horário, embora esse fator seja importante: quando um quer ir dormir, o outro acha que está cedo; quando um já está ativo e querendo dar conta das atividades da vida, o outro, quando muito, está começando a acordar. Todo relacionamento requer negociar, ceder e se encontrar no meio do caminho; imagine com mais uma variável desse tamanho a ser negociada.

Mas não é só isso: em geral, as preferências e os gostos das pessoas com diferentes perfis também não combinam. Aquelas com preferência pela noite em geral são mais inquietas, buscam mais novidades, são mais criativas, enquanto os matutinos em geral são mais sossegados, mais estáveis, menos impulsivos. Notívagos também bebem mais e correm maior risco de ter depressão. Claro que nenhuma dessas características é um destino – são propensões que, em geral, se observam de acordo com os cronotipos (tendência específica a dormir em determinado horário), não uma regra absoluta. Servem para raciocinar de forma geral, mas não são capazes de prever com certeza como se comportará alguém apenas pela hora que prefere acordar ou dormir.

Na prática, a influência desses fatores não é pequena: ao longo do relacionamento, os ajustes que vamos fazendo – ou que não somos capazes de fazer – determinam a decisão de seguirmos em frente e investir naquele parceiro ou parceira ou partir para outra. Quando essas preferências são muito marcantes e acompanhadas por traços de personalidade muito diferentes há menos chance de o relacionamento prosperar no longo prazo.

Os casais bem-sucedidos são aqueles que entram em harmonia de forma geral, e também que encontram sincronia cronotípica. Não é impossível ser feliz com cronotipos diferentes, mas existem tantas coisas para acertar nos relacionamentos, que se os ponteiros do relógio já vêm acertados, tudo fica mais fácil.

Referência

ADAN, A. *et al.* "Circadian typology: a comprehensive review". *Chronobiol Int.*, 29(9), Nov. 2012, pp. 1.153-1.175.

24

QUANDO O ARTIFICIAL SUPERA O NATURAL

No mundo inteiro a colocação de próteses de silicone para aumentar as mamas está entre as cirurgias plásticas mais realizadas.

Não por acaso. As mamas realmente chamam atenção dos seres humanos. Imagina-se que essa atração tenha origens evolutivas. Talvez mamas fartas sinalizassem boa capacidade reprodutiva, ou boa saúde geral, mas o fato é que normalmente a fartura nessa região do corpo humano atrai os olhares. Um estudo realizado com garçonetes no EUA, por exemplo, encontrou correlação direta entre o número do sutiã e os valores de gorjeta recebidos. Não apenas as mulheres com mamas maiores tendiam a se considerar mais atraentes, de forma subjetiva, como objetivamente faziam mais dinheiro ao final de seus turnos.

Seja qual for a origem do apelo que as glândulas mamárias têm sobre nós, a relação direta entre tamanho e atração tem a ver com um fenômeno conhecido como estimulação supernormal. Ao longo da evolução os seres vivos foram sendo atraídos por características que poderiam ser vantajosas de diversas maneiras. Alimentos mais calóricos. Ovos maiores. Luz mais intensa. Algumas delas tornaram nossos radares tão sensíveis que, quanto mais exageradas, mais capturam nossa atenção e reforçam comportamentos. Pássaros deixam de chocar seus ovos em favor de outros, enganosamente grandes. Besouros fazem sexo com garrafas de cerveja que parecem versões exageradamente atraentes de suas fêmeas. Olhares são enfeitiçados por próteses de silicone.

O mesmo ocorre com nossos telefones celulares. O *software* embutido em nosso cérebro é pré-programado para se importar com os outros. O desejo de ver e ser visto não surgiu com o colunismo social. Muito antes, quando errávamos pelas florestas e savanas primitivas, isso era uma questão de sobrevivência. Cercados de ameaças e sem placas de alerta, ficar de olho uns nos outros era uma das melhores formas de monitorar o ambiente. Da mesma forma, garantir que estávamos sendo vistos devia aumentar bastante a segurança. Nossos antepassados que mais se importavam com o grupo, tanto para monitorar como para ser monitorado, tiveram mais sucesso em sobreviver e passar adiante essas tendências. Estava lançada a semente das redes sociais.

Os *smartphones* são, desse ponto de vista, um estímulo supernormal. Eles potencializam – de maneira inimaginável na natureza – o poder de ficarmos ligados nas pessoas, vendo o que estão fazendo, comendo, pensando, assistindo, ao mesmo tempo que nos exibimos nas mesmas situações. O que era possível fazer intermitentemente para algumas pessoas agora pode ser feito o tempo todo para milhões. Esse exagero sequestra nossos instintos ao oferecer reforços comportamentais praticamente irresistíveis. Por isso é tão difícil se segurar tranquilamente diante do sinal de nova mensagem ou atualização de *status*. Isso vicia.

Não é possível – e provavelmente nem desejável – abrir mão dessa tecnologia. Mas estar atento para saber quem manda em quem é tão importante nesse como em qualquer outro prazer.

(Artigo publicado na edição 331, fevereiro de 2019)

***

Complementando:

"Os smartphones são, desse ponto de vista, um estímulo supernormal. Eles potencializam – de maneira inimaginável na natureza – o poder de ficarmos ligados nas pessoas, vendo o que estão fazendo, comendo, pensando, assistindo, ao mesmo tempo que nos exibimos nas mesmas situações".

O romance *Graça infinita* é considerado por muitos o mais importante das últimas décadas, com suas mais de mil páginas e a narrativa envolvente e brilhante do autor, David Foster Wallace. Uma das tramas no livro gira em torno da busca pelo que seria a tal graça infinita – uma forma de entretenimento e diversão sem fim, tão poderosa que quem começa a assistir é capturado pelo prazer e para de fazer qualquer outra coisa, ficando ali até morrer. Organizações terroristas e governo querem obviamente fazer disso uma arma.

Parece uma descrição um tanto exagerada de até onde pode chegar o prazer, mas vale a pena lembrar das experiências iniciais com estimulação direta do cérebro, feitas na década de 1950, quando os psicólogos James Olds e Peter Milner descobriram que os ratinhos com eletrodos no cérebro eram capazes de aprender a manejar uma alavanca para estimular seus próprios neurônios. Quando o estímulo ocorria em áreas associadas à sensação de prazer, as cobaias ficavam ensandecidas, apertando a alavanca continuamente, até duas mil vezes numa hora, a ponto de os cientistas temerem que eles morressem de fome – apesar do mito que se criou em volta dessas experiências, nenhum cientista deixou ratinhos morrerem de felicidade sentindo fome. (Ou seria morrerem de fome sentindo felicidade?)

Com a ascensão das redes sociais, sinto que estamos nos aproximando de uma realidade em que todos estamos expostos a uma mistura da graça infinita e da alavanca de Olds e Milner. Quanto mais tempo passamos usando um aplicativo, mais dinheiro ele gera para seu desenvolvedor. Além disso, quanto mais tempo passamos usando esse mesmo aplicativo, mais dados geramos sobre o que nos mantém engajados – as empresas testam o tempo inteiro quais conteúdos são mais eficientes para nos prender, qual forma de apresentá-los nos mantém ligados. No fim das contas, criam algoritmos para automaticamente nos mostrar só o que gostamos; então, quanto mais tempo passamos usando um app, mais tempo usaremos esse app.

Um grupo de neurocientistas chineses olhou para dentro da cabeça de usuários do Tik Tok para saber o que estava acontecendo em seus cérebros conforme eles navegavam pelos vídeos curtos com grande apelo visual. Para isso, dividiram os voluntários em dois grupos: um assistia a vídeos aleatórios, de acordo com uma exibição-padrão, enquanto outro assistia a vídeos sugeridos para eles a partir do algoritmo individualizado do app. As imagens de ressonância nuclear magnética do cérebro dos dois grupos mostraram diferenças significativas:

embora em ambos houvesse ativação das áreas cerebrais que respondem à relevância dos estímulos, as pessoas expostas a vídeos personalizados tinham uma ativação maior de áreas ligadas ao prazer. O que, para os cientistas, explica por que algumas pessoas desenvolvem um padrão de dependência do aplicativo.

Ainda não soube de nenhum caso de alguém morrendo de fome de tanto ficar assistindo ao Tik Tok. Mas resultados como esses nos fazem pensar quão perto ainda chegaremos da graça infinita.

Referência

SU, C. *et al.* "Viewing personalized video clips recommended by TikTok activates default mode network and ventral tegmental area". *Neuroimage*, 237:118136, Aug. 2021.

OS NOSSOS TIJOLOS INVISÍVEIS

Recentemente meus filhos precisaram colocar aparelho ortodôntico e fizeram radiografias panorâmicas dos dentes. As imagens das arcadas dentárias com dentes permanentes todos prontos, mas escondidos lá em cima, atrás dos dentes de leite, fascinaram a família inteira. Talvez porque o ser humano seja instintivamente curioso e adore espiar por tudo o que é buraco, talvez porque a figura do esqueleto seja tão simbólica para nós, de fato é quase impossível pegar uma radiografia nas mãos e não experimentar uma sensação diferente ao vislumbrar nosso corpo por dentro.

Se é assim até hoje, imagine o que não foi a descoberta dos raios x.

Wilhelm Conrad Röntgen era professor e chefe do Departamento de Física na Universidade Julius-Maximillan de Wurzburg, Alemanha, quando, em 8 de novembro de 1895, descobriu os "raios desconhecidos". O trabalho "Uber eine neue Art von Strahlen" ("Sobre um novo tipo de raios") lhe rendeu o primeiro prêmio Nobel de Física da história, em 1901.

Ali, ele não só descrevia a propriedade dos raios x como já antevia sua aplicação no estudo da anatomia humana. Tanto que a primeira imagem que registrou foi a da mão esquerda de sua esposa, na qual se vê a sombra de um grande anel.

O sucesso foi quase imediato. As reações iniciais beiravam o deslumbre, sendo recebida muitas vezes com incredulidade a notícia de que havia sido inventada uma máquina capaz de enxergar através do corpo humano.

Duas coisas aconteceram, então, em paralelo.

Uma foi que imediatamente a tecnologia passou a ser utilizada na área médica, havendo registros de que, já nos dias seguintes à publicação do trabalho de Röntgen, o médico J. R. Ratcliffe, de Birmingham, usou a radiografia para localizar uma agulha na mão de uma senhora inglesa, que, de posse de sua foto, procurou um cirurgião para retirá-la.

A outra foi que, assim que as pessoas ficaram sabendo, um verdadeiro frenesi tomou conta da Europa e dos EUA, todo mundo querendo tirar foto de seus ossos. Grandes lojas de departamento instalaram máquinas automáticas nas quais bastava depositar uma moeda para ver a imagem dos ossos de sua mão, já que, embora novidade, a tecnologia era barata (até porque, antevendo seu uso médico, Röntgen não quis patentear a invenção).

Claro que os usos médicos evoluíram cada vez mais, chegando à sofisticada tecnologia de imagem que temos hoje em dia, enquanto o uso recreativo por mera curiosidade arrefeceu, desaparecendo com o tempo – com uma ajuda da descoberta dos riscos dos raios x, claro.

A corrida pelos exames de DNA que tem acontecido na Europa e nos EUA lembra bastante esse outro episódio da história das tecnologias médicas. Ao se tornar acessível, essa tecnologia que nos permite espiar mais esse buraco estimula a curiosidade de todos.

Tenha ou não efeitos colaterais (psicológicos, sociais?), a onda deve passar à medida que a novidade diminuir. Mas, mesmo depois disso, quando um médico nos solicitar o perfil genético, creio que ainda espiaremos fascinados os resultados mostrando os tijolos invisíveis que nos compõem.

(Artigo publicado na edição 333, abril de 2019)

***

Complementando:

"Ao se tornar acessível, essa tecnologia que nos permite espiar mais esse buraco estimula a curiosidade de todos. Tenha ou não efeitos colaterais (psicológicos, sociais?), a onda deve passar à medida que a novidade diminuir".

Vincent Freeman era um rapaz com sonho de ser astronauta, mas o mais próximo que conseguia disso era ser faxineiro numa empresa de voos espaciais. Tudo porque seu perfil genético mostrava alta probabilidade de problemas cardíacos, com chance de morte aos 30 anos, o que o tornava inelegível para pilotar uma nave. Não só para isso, na verdade, mas para muitas outras ocupações, já que onde ele morava a discriminação genética era prática legal.

Para quem não assistiu, esse é o argumento do filme *Gattaca – A experiência genética*, lançado em 1997 tendo o ator Ethan Hawke no papel de Vincent Freeman. Nesse futuro distópico, as pessoas concebidas sem intervenção da engenharia genética são consideradas de segunda classe, "inválidas", dando margem a um mercado paralelo de material genético em que pessoas "válidas", programadas geneticamente, vendem células de pele, fios de cabelo e amostras sanguíneas para que esses cidadãos discriminados burlem exames e também tenham oportunidades reservadas aos "válidos".

Quando penso na proliferação das empresas que fazem essas testagens genéticas, que se tornaram extremamente rápidas e muito mais acessíveis com a evolução da tecnologia – tema de capa da edição em que o artigo acima foi originariamente publicado –, não consigo deixar de pensar que essa possibilidade seja uma preocupação legítima. Cada vez mais nossas amostras biológicas estão rodando por aí em exames médicos ou testes genéticos por curiosidade.

Em razão desse receio, os Estados Unidos criaram, em 2008, o Genetic Information Nondiscrimination Act – Gina (Ato de não discriminação por informação genética). Por ele, os planos de saúde não podem exigir testes genéticos dos segurados nem tratar diferentemente os clientes com base em informações genéticas – mesmo que sejam doenças genéticas já manifestas em familiares. Da mesma forma, ele impede que os empregadores usem informações genéticas em decisões de contratação, demissão, promoções, pagamento, não podendo exigir dos empregados testes ou informações genéticas.

O que um estudo feito nos EUA em 2021 mostrou, contudo, é que a maioria dos americanos entrevistados não conhecia o Gina, e mesmo os que achavam que o conheciam bem não sabiam de suas limitações. O ato não cobre empresas seguradoras, como de seguro de vida ou de invalidez, por exemplo, algo que mais de 90% das pessoas que relatavam conhecer muito bem o Gina não sabiam. Ironicamente, as pessoas em geral tinham mais receio de que testes genéticos fossem usados exatamente para aquilo que eles são proibidos – seleção de emprego e seguro-saúde.

Comparada a outras ciências da saúde, a genética é ainda muito nova, e suas implicações ainda imprevisíveis. O que é só mais um motivo para que a ciência não caminhe descolada da ética em momento algum.

Referência

LENARTZ, A. *et al.* "Correction: The persistent lack of knowledge and misunderstanding of the Genetic Information Nondiscrimination Act (Gina) more than a decade after passage". *Genet Med.*, 23(12):2471, Dec. 2021.

MEDO, IGNORÂNCIA E IDEOLOGIA

O medo é a mais lucrativa das emoções. Nós fazemos e deixamos de fazer muitas coisas por amor, altruísmo, egoísmo, ódio – qualquer emoção pode ser o motor para nossas ações. Poucas, contudo, são tão capazes de nos colocar em marcha como o medo. Com seu poder ameaçador e sua capacidade de turvar a razão, ele praticamente nos obriga a fazer alguma coisa para restaurar nossa sensação de segurança.

Tomemos o exemplo das vacinas.

A cobertura vacinal contra poliomielite caiu 20% no Brasil todo – pais simplesmente não estão levando os filhos para vacinar. Ao mesmo tempo, há cerca de dois anos a febre amarela voltou a acontecer em centros urbanos. Ninguém pareceu se importar. Mas, quando começaram a pulular notícias de mortes pela doença, ocorreu uma verdadeira corrida aos postos de saúde atrás da vacina. As filas começavam nas madrugadas, pais com filhos no colo dobravam quarteirões, senhas precisavam ser distribuídas. Fazendo as contas, o risco de morte era menor do que um em um milhão, mas o medo atrapalha bastante na hora de fazer as contas, como bem sabem os vestibulandos.

Ou seja, talvez parte da culpa por as pessoas não vacinarem seus filhos seja excesso de tranquilidade. A eficácia da vacinação, responsável pela erradicação da varíola no mundo, pelo controle da poliomielite, por fazer do Brasil um país livre do sarampo desde 2016 (título agora ameaçado), apaga da memória das pessoas os riscos reais associados a tais doenças. Repousando numa falsa tranquilidade, tornamo-nos indolentes no tocante à necessidade de seguir com prevenção.

Tempere essa tranquilidade com extremismos políticos, engrosse o caldo com desinformação, e temos o cenário perfeito para o retorno de epidemias de doenças evitáveis.

Um estudo publicado nos EUA em 2018 pelo cientista social Charles McCoy mostrou que, nos extremos ideológicos, as pessoas têm maior tendência a desconfiar das vacinas. Independentemente de ser republicano ou democrata, mais à esquerda ou à direita, quem se identificava mais com uma ideologia política – qualquer – tinha uma vez e meia mais chance de achar que as vacinas não são seguras. Já no que diz respeito à vacina ser obrigatória ou ser uma decisão dos pais, paradoxalmente, quanto mais conservadora a pessoa, maior a chance de ela achar que o Estado não deveria se meter. Quanto mais liberal, maior a chance de acreditar que a decisão dos pais não é livre.

A proliferação de desinformação nas redes sociais completa o cenário. Quem acha que vacina faz mal tende a se relacionar com pessoas que acham a mesma coisa, ficando exposto quase que exclusivamente a informações – em sua maioria de origem duvidosa – que confirmam sua crença. Evidências em contrário não conseguem penetrar nessa bolha de conteúdos e oxigenar a discussão com outras informações.

Infelizmente, parece-me difícil reverter o processo. A não ser pelo medo. Quando novas mortes começarem a ser noticiadas, ele mostrará novamente sua cara assustadora, sobrepujando ideologias e preconceitos. Mas, para alguns, será tarde demais.

(Artigo publicado na edição 334, maio de 2019)

***

Complementando:

"A proliferação de desinformação nas redes sociais completa o cenário. Quem acha que vacina faz mal tende a se relacionar com pessoas que acham a mesma coisa, ficando exposto quase que exclusivamente a informações – em sua maioria de origem duvidosa – que confirmam sua crença. Evidências em contrário não conseguem penetrar nessa bolha de conteúdos e oxigenar a discussão com outras informações".

Esse é mais um artigo que ganha dimensões totalmente diferentes ao ser lido depois da pandemia de Covid-19. Um ano antes da eclosão da pandemia, estávamos relativamente preocupados com a baixa cobertura vacinal no Brasil. O movimento antivacina nunca foi grande no país, então me parecia ser mais uma questão de não ter a percepção real do benefício da vacinação em função de seu próprio sucesso: com a doença controlada, a necessidade de medidas para evitá-la se torna menos premente para as pessoas.

Mas eis que surge uma pandemia de doença infecciosa, evitável pela vacinação em massa, e assistimos incrédulos ao crescimento do movimento contrário à vacinação, como vimos no capítulo 11 ("Só a ciência não basta para vencer um debate"). Grupos *antivax* tradicionais ganharam impulso oficial com as mensagens públicas do presidente da República colocando dúvidas seguidamente sobre a segurança e a eficácia das vacinas. As *fake news* pululuaram nas redes sociais, surgindo como cogumelo depois da chuva, num movimento incontrolável.

A Organização Mundial da Saúde declarou que, paralelamente à pandemia, a humanidade estava atravessando uma infodemia, espalhamento descontrolado de informações perniciosas, prejudicando a saúde e o combate à Covid-19.

A bem da verdade, o termo não surgiu nesse momento, mas 20 anos antes, num esforço para reunir o que se sabia até então sobre as informações de saúde disponíveis na internet. Em um editorial para o *American Journal of Medicine*, o cientista da saúde Gunther Eysenbach definiu "infodemiologia" como uma disciplina e uma metodologia de pesquisa para "o estudo dos determinantes e distribuição de informações de saúde e desinformação – que pode ser útil para orientar profissionais de saúde e pacientes para informações de saúde de qualidade na internet". Possivelmente nem ele anteviu a importância que essa área nascente teria duas décadas depois.

Para combater a infodemia, Eysenbach propõe quatro pilares fundamentais:

1 – Tradução do conhecimento – embora o conhecimento seja gerado pela ciência, ele é difundido em outros contextos, desde as políticas de saúde e as práticas dos profissionais, passando pela mídia formal e chegando às redes sociais, onde a

maior quantidade de informação trafega. Traduzir o conhecimento de uma camada dessas para a outra de forma clara e compreensível, evitando que a informação seja distorcida, pode aumentar as chances de a última camada ser alimentada com informações mais precisas.

2 – Refinamento do conhecimento, filtragem e *fact-checking* – em cada uma dessas camadas de divulgação de informação deve haver meios de estimular a verificação da informação que está circulando por ali. Seja no sistema de revisão por pares na ciência, na exigência de embasamento científico em políticas públicas, na checagem de fontes no jornalismo ou no combate às *fake news* feito pelas empresas das redes sociais, facilitar e fortalecer esses processos é essencial para destacar quais são as informações legítimas.

3 – Construir um letramento em *eHealth* – definido como a capacidade de buscar, encontrar, compreender e avaliar informações de saúde de fontes eletrônicas e aplicar o conhecimento adquirido para abordar ou resolver um problema de saúde, o letramento em *eHealth* se torna ainda mais importante num contexto em que qualquer pessoa, em qualquer uma das camadas de divulgação, pode se tornar uma fonte de informação. A capacitação de indivíduos influentes nas redes de conhecimento tem papel fundamental e recebe pouca atenção até hoje.

4 – Monitoramento, infovigilância, escuta social – ativamente buscar as fontes de contágio de desinformação, monitorando cada uma das camadas e identificando os centros de espalhamento principais, exatamente como fazemos com agentes infecciosos, é uma forma de conter a disseminação quando ela já está em curso.

A pandemia de Covid-19 com certeza não foi a última que a humanidade enfrentará – todos sabemos que novas pragas virão, mais cedo ou mais tarde. Mas, se não nos esforçarmos ao máximo para controlar a infodemia, a próxima pandemia poderá ser ainda mais letal.

Referência

EYSENBACH, G. "How to Fight an Infodemic: The Four Pillars of Infodemic Management". *J Med Internet Res*, 22(6):e21820, 2020.

27

ATRAVÉS DO VALE DA ESTRANHEZA

Embora a ficção científica (FC) seja o estilo literário por excelência para refletir sobre os desafios tecnológicos, quando o assunto é nossa interação com os robôs, a literatura médica tem algo muito importante a acrescentar.

Se o termo robô foi introduzido numa obra de FC por Karel Čapek, e se Isaac Asimov foi o primeiro a pensar numa psicologia de máquinas conscientes, foi o psiquiatra alemão Ernst Jentsch quem primeiro inverteu o olhar para nós: como a mente humana lida com os seres que nós mesmos criamos. Num ensaio chamado *Zur Psychologie des Umheimlichen* (que ganhou fama ao ser traduzido como *On the psychology of the uncanny*), Jentsch aponta o desconforto, a inquietação – mais comumente traduzida como estranheza – provocados por determinadas emulações de seres humanos. "É sabido que a impressão desagradável surge prontamente em muitas pessoas quando elas visitam museus de cera", diz ele. O cérebro, em dúvida sobre a realidade ou não daquela pessoa, produz um arrepio – *umheimlichen* – por ser lançado naquela ambiguidade.

É então que Jentsch recorre à literatura para esclarecer seu ponto: citando o escritor alemão E. T. A. Hoffman, famoso por suas obras fantasiosas, ele aponta que uma das melhores formas de produzir tal efeito no leitor é deixá-lo com a incerteza se um personagem é humano ou um autômato. "Isso é feito de forma que a incerteza não apareça diretamente no centro da sua atenção, não lhe dando a chance de investigar e esclarecer esse ponto de uma vez." Ou seja, o desconforto surge da dúvida, habilmente alimentada por escritores talentosos.

Mais de meio século depois, na década de 1970, o engenheiro japonês Masahiro Mori notou que esse efeito também era provocado pelos robôs. Quando interagimos com mecanismos automáticos sem qualquer aparência humana, como um braço mecânico industrial, não temos qualquer reação emocional. Conforme as máquinas vão se parecendo mais conosco, contudo, mais respostas positivas elas provocam. Até que chega um ponto, quando elas já estão parecidas demais, mas ainda não idênticas, em que nossa reação emocional despenca de uma vez, indo para o polo oposto – tais representações antropomórficas produzem intensas reações negativas, semelhantes à presença de um cadáver. Só depois de passar desse ponto e se tornarem praticamente indistinguíveis dos seres humanos é que voltam a ser agradáveis ao contato. Esse intervalo negativo ficou conhecido como vale da estranheza.

Mas como essa estranheza acontecerá nas interações com a inteligência artificial? Por enquanto é fácil saber quando estamos falando com um atendente de *telemarketing* automático ou quando é um *chatbot* que está respondendo às nossas perguntas. Mas poderá chegar um ponto em que eles estejam quase se passando por humanos, mas ainda lhes falte alguma coisa. Se tais prestadores de serviço produzirem em nós o mesmo arrepio que aqueles bonecos que tentam imitar recém-nascidos, as empresas que dependerem deles atravessarão um vale que, além de estranheza, poderá gerar bastante prejuízo.

(Artigo publicado na edição 335, junho de 2019)

***

Complementando:

"Até que chega um ponto, quando elas já estão parecidas demais mas ainda não idênticas, em que nossa reação emocional despenca de uma vez, indo para o polo oposto – tais representações antropomórficas produzem intensas reações negativas, semelhantes à presença de um cadáver".

O filme *Divertidamente*, da Pixar, que retrata a vida das emoções Alegria, Tristeza, Raiva, Medo e Nojo dentro do cérebro de uma pré-adolescente, foi um dos maiores sucessos do estúdio, com arrecadação que se aproximou do bilhão de dólares no mundo todo. Além do inevitável Oscar de Melhor Filme de Animação, recebeu mais de cem prêmios mundo afora, além do reconhecimento de ser indicado ao Oscar de Melhor Roteiro Original. O roteiro, de fato, é primoroso ao traduzir conceitos ligados ao funcionamento de nossas emoções de uma forma acessível e bem costurada na trama do desenho. Embora não tenha fins didáticos, é impossível não aprender algumas coisas com ele. Por exemplo: até então, poucas pessoas se davam conta de que o nojo é uma emoção.

No entanto, ele é exatamente isso: um conjunto de reações físicas e psicológicas, que usualmente se revelam em expressões faciais e que moldam nossos comportamentos de acordo com o ambiente. Costumamos associar emoções ao sentimento agradável da alegria, à palpitação cardíaca do medo ou aos dentes cerrados de raiva, mas a aversão ou a repulsa subjetiva que acompanham o nojo, ou o embrulho no estômago, a característica boca torta e o típico nariz franzido mostram que ele é também acompanhado do conjunto completo de psicologia, fisiologia e expressão.

E essa emoção é a mais provável culpada pela existência do vale da estranheza. O nojo é originalmente um alarme para nos proteger de contaminação; alimentos podres, fluidos corporais, feridas abertas, insetos – tudo isso dispara reações que nos afastam de potenciais fontes de doenças. No entanto, fora o nojo de podridão, a maioria dessas respostas é aprendida ao longo do tempo – bebês e crianças pequenas não têm nojo de algumas coisas que consideramos muito aversivas, como fezes ou baratas, e parte do trabalho da educação é justamente ensiná-las a reagir negativamente a isso.

Para a psicologia evolucionista, essa reação aversiva acontece também diante da violação da integridade corporal como uma medida de proteção. Deformidades importantes, entranhas expostas, cadáveres constituem fontes potenciais de contaminação a serem evitadas, deflagrando, então, o alarme aversivo do nojo. Segundo Craig Roberts, psicólogo evolutivo que se interessou pela interação de sua disciplina com a robótica, os engenheiros que se propõem a desenvolver robôs que tenham uma interação psicológica, e não apenas mecânica, com humanos precisam compreender bem o vale da estranheza. A extrema semelhança com humanos, mas ainda assim com diferenças suficientes para lhes dar um caráter artificial, é captada pelo cérebro como anomalias que "têm o mesmo efeito daquele de cadáveres ou indivíduos visivelmente doentes: eliciar alarme e repulsa", diz Roberts.

Essa é a sutileza das emoções – onde menos esperamos, elas podem surgir e interferir em nossas percepções e nossos comportamentos. Daí ser tão importante darmos a elas a devida atenção.

Referência

GREEN, R. D. *et al.* "Sensitivity to the proportions of faces that vary in human likeness". *Computers in Human Behavior*, 24(5), 2008, pp. 2.456-2.474.

28

VIVER MAIS, SÓ SE FOR PARA VIVER MELHOR

Em 1993, a revista *Lancet* publicou a carta do neurologista John Lewis sugerindo que a primeira descrição do quadro de demência de Alzheimer poderia ser atribuída ao escritor satírico Jonathan Swift, mais de um século antes de Louis Alzheimer formalizar tal descrição no meio científico. Para tanto, ele transcreve um trecho do livro *As viagens de Gulliver*, no qual o protagonista conhece os Struldbrughs, habitantes imortais de uma das ilhas que visita.

Com sua ironia que beirava a misantropia, Swift trata a imortalidade não como um milagre, mas como uma maldição. Depois dos 80 anos, os Struldbrughs seguem envelhecendo, mas

> [...] só se lembram do que aprenderam e observaram em sua juventude e na meia-idade, e, mesmo assim, de uma forma imperfeita. Não é seguro confiar em sua memória. Aliás, os menos infelizes dentre eles parecem ser os que ficam caducos e perdem inteiramente a memória.

Pela experiência de Gulliver, parece que a vida teria um prazo de validade que, ao ser expirado, estragaria progressivamente o produto – no caso, nós. Tanto que,

> [...] ao completarem 80 anos, legalmente é como se estivessem mortos. Seus herdeiros imediatamente tomam posse de seus bens, restando-lhes apenas uma pequena pensão para seu sustento. São considerados incapazes de exercer cargo de confiança ou atividade lucrativa.

Claro que, com o passar dos anos, ninguém vai ficando mais jovem, o que só agrava a situação:

> Aos 90, perdem dentes e cabelo; não distinguem mais o sabor das coisas. Só comem e bebem, sem gosto nem apetite, o que eventualmente conseguem. Permanecem as doenças, sem aumentar nem diminuir. Ao falar, esquecem o nome das coisas, das pessoas e até mesmo dos seus amigos e parentes mais próximos. Por isso mesmo, não são capazes de se divertir com a leitura, pois sua memória não é suficiente para levá-los do começo ao fim de uma frase.

Guardadas as liberdades literárias, não é difícil relacionar tal descrição à demência de Alzheimer, doença ligada ao envelhecimento cuja prevalência aumenta com a idade, dobrando a cada cinco anos e atingindo mais de metade dos idosos que passam dos 95.

A morte, nessa perspectiva, parece a Gulliver uma bênção.

> Depois do que ouvi e vi, meu vivo apetite pela vida eterna sofreu um grande abalo. Pensei que tirano algum poderia inventar uma

morte pior que uma vida como aquela. O rei soube de tudo o que se passara e zombou de mim. Desejava que eu enviasse um par de Struldbrughs para meu próprio país, para armar nosso povo contra o medo da morte.

Ironicamente, o próprio Jonathan Swift teve um quadro demencial, morrendo anos depois.

Todos os esforços médico-sanitários na história da humanidade vêm convergindo para o aumento significativo de nossa longevidade. Motivados pelo pavor que temos da morte, nós estimulamos essas descobertas e as abraçamos com entusiasmo. O destino dos Struldbrughs serve não para nos fazer abandonar esses esforços, mas para lembrar que longevidade por si só não significa nada. Sem qualidade de vida, ela parece mais um castigo.

(Artigo publicado na edição 337, agosto de 2019)

***

Complementando:

"[...] a primeira descrição do quadro de demência de Alzheimer poderia ser atribuída ao escritor satírico Jonathan Swift, mais de um século antes de Louis Alzheimer formalizar tal descrição no meio científico".

Não é raro encontrar nas artes as descrições iniciais de quadros posteriormente reconhecidos como patológicos. Pinturas antigas, personagens do teatro grego ou de óperas, protagonistas de romances clássicos – com seu olhar voltado para a realidade, os artistas captam o mundo e o replicam em suas obras, por vezes enxergando antes do que os médicos condições de saúde e retratando-as antes de serem formalmente descritas.

De fato, a importância da literatura para a medicina vem sendo apontada pelo menos desde 1972, quando foi introduzido o campo "medicina e literatura" nas escolas médicas dos EUA, dentre outros motivos, porque os escritores são capazes de fazer descrições detalhadas de doenças, englobando a perspectiva do doente. Além do caso de Jonathan Swift e a primeira descrição da demência de Alzheimer em *As viagens de Gulliver*, Charles Dickens apontou a relação entre obesidade e apneia séculos antes dos médicos em *As aventuras do Senhor Pickwick*, por exemplo, e Lewis Carroll descreveu tão bem as alterações sensoriais da enxaqueca em sua obra que tais sintomas ficaram conhecidos como a Síndrome de Alice no País das Maravilhas. Sem esquecer que Gogol registrou um dos primeiros acumuladores, como vimos no capítulo 8 ("Atenção para as caricaturas de nós mesmos").

Sem querer, quando pesquisava para escrever um de meus primeiros livros, *Machado de Assis: a loucura e as leis*, descobri que o "Bruxo do Cosme Velho", como ficou conhecido Machado, também poderia ser incluído na lista de gênios que descreveram uma condição médica antes dos doutores.

Seu conto "O anjo Rafael", publicado em 1896, conta a história de um homem que, acreditando ser o próprio anjo Rafael e ter sido mandado para a Terra, recolhe-se no interior com sua filha, isolando-os numa fazenda. A menina cresce em tal contexto, privada de qualquer contato com o mundo externo, até completar 15 anos. Então, às vésperas de sua morte, o pai convoca um rapaz para vir até a fazenda, na qualidade de noivo da filha. O homem toma ciência da condição da moça e percebe que ela foi contaminada pelos delírios do pai, tentando convencer o noivo de que o pai é, sim, o anjo Rafael. Quando ele morre, no entanto, ela vai para a cidade com o marido e em três meses está curada dos delírios.

Foi apenas oito anos depois da publicação do conto que os médicos franceses Lasègue e Falret descreveram o quadro que ficou conhecido como *folie a deux*, ou psicose induzida, em que um indivíduo com um quadro delirante, desconectado da realidade, contagia outra pessoa a ponto de ela compartilhar dos delírios. Eles diziam que era mais comum acontecer em mulheres, normalmente convivendo em estreito contato com familiares doentes – frequentemente confinadas com eles – quando então desenvolviam sintomas coincidentes com os da pessoa inicialmente afetada. Todos esses elementos foram antevistos por Machado, que, por sua vez, foi além dos cientistas e já incluiu na história o efeito terapêutico da separação entre o doente original e a pessoa influenciada – o que muitas vezes basta para a remissão do problema.

Um dos mais importantes críticos literários do mundo no século XX, Harold Bloom dizia que Machado de Assis era "uma espécie de milagre" tal a genialidade que alcançou mesmo num país periférico. Ser autor da primeira descrição completa do quadro de psicose induzida apenas confirma tal observação.

Referência

BARROS, D. M. & BUSATTO, G. F. "First fictional report of folie à' deux". *British Journal of Psychiatry*, 198(1), 2011, pp. 30-30.

29
EM CASO DE ALARME, NÃO PONHA NA BOCA

Imagine que você está em férias viajando pelo Canadá. Está em Toronto desfrutando da cidade e, como é verão, resolve tomar um sorvete. Em suas andanças, depara com uma sorveteria simpática, cheia de gente e resolve entrar. Para sua surpresa, o tema da decoração é banheiro. *Emojis* de cocô estão por todos os lados. Cadeiras têm formato de vaso sanitário. Mas o pior está por vir: quando pede seu sorvete, ele não só vem servido numa tigela parecendo uma privada, mas ainda tem um formato bastante suspeito.

Esse lugar existe de fato, é o Poop Café Dessert, em Toronto, e faz o maior sucesso. Talvez o motivo seja justamente brincar com essa inversão, confundindo nosso cérebro ao oferecer algo delicioso, que nos atrai, num formato horroroso, que nos repele. O conflito se resolve em risadas e acaba atraindo mais clientes. Mas existe um segredo extra – as representações de fezes não são assim tão realistas. Elas têm algo de caricatural, reduzindo a aversão que poderiam causar de fato, pelo menos nos mais sensíveis.

Um dos maiores estudiosos dessa emoção tão básica para os seres humanos é Paul Rozin, que há mais de meio século estuda o nojo. Ele é o idealizador de um experimento que você já deve ter visto na televisão. Ele queria testar a hipótese do contágio "mágico", segundo a qual nós acreditamos que coisas semelhantes carregam propriedades semelhantes – e até mesmo que ações realizadas sobre um objeto afetam algo que for parecido com ele (crença por trás das práticas do vodu, por exemplo). Para isso realizou uma série de testes com voluntários, incluindo oferecer-lhes um *fudge* de chocolate delicioso, mas moldado em formato de cocô. Dadas a textura e a coloração do doce, ele ficava muito parecido com fezes de cachorro, causando uma aversão mais intensa nas pessoas. Embora a maioria delas aceitasse tocar no doce (88%), menos gente tinha coragem de encostá-lo nos lábios (64%) e apenas pouco mais da metade tinha coragem de dar uma mordida (57%).

Imagino que se 43% dos clientes não tivessem coragem de tomar o famoso sorvete de Toronto, o Poop Café Dessert já teria fechado – as avaliações nas redes sociais seriam muito menos amistosas do que são. Isso mostra que somos realmente sensíveis à aparência dos alimentos.

Produzir alimentos em laboratórios, portanto, tem uma camada extra de dificuldade. Além de conseguir reproduzir as propriedades nutricionais sem inserir algo prejudicial, é preciso caprichar na aparência do ingrediente. E não basta ser capaz de imitar o gosto e o cheiro. Os alimentos que não conseguirem uma apresentação visual agradável têm tudo para naufragar antes de chegar ao nosso prato. Porque, quando o assunto é aquilo que colocamos para dentro de nós, temos uma sentinela atenta ao menor sinal de potencial contaminação, o nojo. Claro, a boca é a principal via de acesso que ele protege, mas todos os sentidos, seja olfato, visão e até mesmo o tato, podem disparar seu estridente alarme. E, com perdão do trocadilho, a sua mensagem quando ele toca é justamente "Não toque!".

(Artigo publicado na edição 338, setembro de 2019)

***

Complementando:

"[...] a hipótese do contágio 'mágico', segundo a qual nós acreditamos que coisas semelhantes carregam propriedades semelhantes – e até mesmo que ações realizadas sobre um objeto afetam algo que for parecido com ele".

A reportagem da revista Galileu que inspirou esse artigo era sobre a produção de alimentos em laboratório, como deixo a entender no último parágrafo. É um tema riquíssimo, com muitos ângulos possíveis de avaliação, mas novamente o nojo chamou minha atenção. Já vimos no capítulo 27 ("Através do vale da estranheza") que ele é uma emoção. Mas o que não vimos é como ele, além de nos proteger da contaminação física, acabou sendo cooptado pelo nosso cérebro como uma forma de nos proteger da contaminação moral.

Num livro clássico da antropologia chamado O ramo de ouro, James Frazer aponta que muitas lendas e muitos mitos ao redor do planeta têm em comum a crença de que coisas que estiveram em contato transmitem suas propriedades umas para as outras. Essa "lei do contágio" explicaria o surgimento dos tabus: coisas que tiveram contato com alguma impureza se tornam proibidas, pois trazem aquela mancha em si mesmas, numa ligação metafísica com a sujeira.

Para além do mundo físico, nós atribuímos também a comportamentos características como sujeira, podridão, ojeriza – pense em crimes hediondos, atitudes abjetas: frequentemente a imoralidade dos atos é traduzida em termos assemelhados ao nojo, como crimes repulsivos. E essa crença na lei do contágio é mais comum do que imaginamos.

Num estudo conduzido pelo mesmo Paul Rozin citado no artigo da revista, voluntários tinham que dar uma nota de -100 a 100 sobre quão bem eles se sentiam imaginando-se vestindo uma blusa confortável, bem ajustada e limpa, sendo -100 a experiência mais desagradável possível e 100 a mais agradável concebível. A partir daí, outros cenários hipotéticos eram apresentados às pessoas, que deveriam, então, dar novas notas para a sensação: a blusa foi usada por uma celebridade de quem você gosta – qual a nota agora? A sensação se tornava em média 10 pontos mais positiva. E se a blusa tivesse caído no cocô de um cachorro (e não tivesse sido lavada)? Nesse caso, a nota caía bastante: 60 pontos. Mas o mais curioso é que, se um assassino em massa tivesse vestido aquela peça, o desconforto caía mais: 66 pontos. Ou seja, a sensação de usar uma roupa que havia tido contato com qualquer coisa nojenta era ruim; mas a sensação de vestir uma blusa após alguém que houvesse cometido um crime repugnante a ter vestido era pior do que a de vesti-la suja de cocô de cachorro.

Do alto dos seus mais de 80 anos, muitos deles estudando o nojo, Rozin tem uma explicação tão poética quanto científica para a lei do contágio: com o desenvolvimento cognitivo e o pensamento simbólico, atribuindo sujeira e impureza também a nossas ações, o nojo passou de guardião da boca para guardião da alma.

Referência

NEMEROFF, C. & ROZIN, P. "The Contagion Concept in Adult Thinking in the United States: Transmission of Germs and of Interpersonal Influence". *Ethos 22*, n. 2, jun. de 1994, pp. 158-186.

30

DE ONDE VÊM TODOS OS NOSSOS MEDOS?

"Todo medo é um medo da morte?" – perguntou-me certa vez a jornalista Júlia Bandeira numa entrevista. Achei a pergunta tão boa que imediatamente avisei-a de que roubaria a ideia sem o menor pudor. "Ok" – consentiu ela. "Mas é ou não?" Bem, a resposta é um pouco mais complexa.

    Precisamos inicialmente compreender o que é o medo. Trata-se de uma emoção, na maioria das vezes desagradável (e felizmente passageira, como toda emoção), caracterizada por um desconforto psicológico e físico, com sintomas como aceleração dos batimentos cardíacos e da respiração, tensão muscular, eventualmente com tremores e sudorese. O aspecto negativo dessa emoção traz uma sensação de urgência em se livrar dela, saindo da situação que a provocou. Sua função, pois – desnecessário dizer –, é nos proteger. Em situações nas quais há uma ameaça à nossa vida, temos medo e, nos sentindo mal, somos induzidos a sair daquele contexto, aprendendo a evitá-lo.

    Em alguns casos, a ameaça é óbvia: medo de altura, de tempestades, de animais ferozes, de doenças – coisas que, por si sós, podem matar nos assustam, é claro. Já em outros, o perigo de morrer não fica evidente desde logo: por que temos medo de falar em público, de barata, do escuro? Nesses, o risco de morte é indireto, mas ainda assim está presente. A escuridão nos deixa vulneráveis a ataques – seja de predadores (reais ou imaginários), seja de outros seres humanos. Baratas, insetos e qualquer outro bicho nojento são vetores de doenças, e por isso aprendemos a evitá-los – e eventualmente a temê-los. E até mesmo a vergonha, o medo do que os outros irão pensar, remete a um risco: o isolamento. Num passado em que vivíamos em tribos pequenas, dependendo da cooperação mútua para a sobrevivência, ficar malvisto no grupo era uma ameaça real.

Então a resposta é sim. Todo medo, no fim das contas, é uma forma de temer a morte. Ele é um sistema de alarme que trazemos embutido em nós, original de fábrica.

Os transtornos da ansiedade, nos quais o Brasil é campeão mundial, ocorrem quando esse sistema apresenta algum defeito. Às vezes, ele é acionado fora de hora (como nas crises de pânico) ou com intensidade exagerada (caso das fobias); eventualmente, dispara e não desliga mais (é o que ocorre na ansiedade generalizada); e, em todos os casos, a pessoa sente que perdeu o controle sobre o medo e passou a ser controlada por ele.

Muito se especula sobre as razões de nosso país liderar o *ranking* dos transtornos ansiosos. Mas um motivo que não se deve esquecer é que o medo pode ser ensinado, e no Brasil parece que vivemos recebendo essas lições diariamente.

Na psicodélica década de 1980, os cientistas Susan Mineka e Michael Cook lideraram um time de pesquisadores que reuniu macacos, cobras e flores para comprovar que medo se aprende. Já se sabia que macacos criados em laboratório não tinham medo de cobra, ao contrário dos animais selvagens. Mas quando os macacos destemidos observavam – mesmo que pela TV – a reação de pavor que seus parentes do campo apresentavam diante das serpentes, eles passavam a ter as mesmas reações – desenvolviam o medo só de vê-lo no outro. O mesmo não acontecia quando eles viam outros macacos ficarem apavorados ao contemplar flores, num vídeo manipulado pelos pesquisadores. Só havia uma predisposição para aprender a temer algo que realmente fosse ameaçador.

Não é difícil extrapolar esses resultados para nós, grandes macacos sem pelo que vivemos nessa selva de pedra. Mesmo quem nunca passou por uma ameaça real à vida está constantemente exposto – nas dezenas de telas que observamos todo dia – às reações de medo dos outros nas mais variadas situações.

E assim, aprendendo que estamos cercados de perigos e ameaças, não é de espantar que nosso sistema de alarme viva, com perdão do trocadilho, alarmado.

(Artigo publicado na edição 341, dezembro de 2019)

***

Complementando:

"Então a resposta é sim. Todo medo, no fim das contas, é uma forma de temer a morte. Ele é um sistema de alarme que trazemos embutido em nós, original de fábrica".

A analogia do medo com um alarme é muito fácil de compreender. Os alarmes que instalamos em nossas casas e empresas, os alarmes de incêndios, os alertas nos equipamentos médicos, todos existem para sinalizar um perigo iminente nos preparando para fugir ou lidar com o perigo. Estar alarmado significa, justamente, estar assustado. O medo é uma sirene embutida em nosso cérebro.

Tendo agora a possibilidade de aprofundar a metáfora, entretanto, descobrimos que todas as emoções são alarmes. Elas podem ser descritas como reações corpóreas e mentais que acompanham determinadas situações, inclinando-nos a reagir de maneiras relativamente estereotipadas – e vantajosas –, selecionadas por nossa história evolutiva por aumentar nossas chances de sobrevivência e reprodução. O neurologista António Damásio reflete sobre essa função em seu livro *A estranha ordem das coisas*, concluindo que

> [...] o valor do conhecimento que os sentimentos fornecem ao organismo onde ocorrem é provavelmente a razão pela qual a evolução deu um jeito de mantê-los. [...] Sentimentos influenciam o processo mental a partir de dentro e são imperiosos em virtude de [...] sua capacidade de sacudir e alertar o possuidor do sentimento, a pessoa que sente, e forçar sua atenção para a situação.

Por serem muito aversivas ou bastante agradáveis, as emoções nos levam a evitar determinadas situações de qualquer forma e a buscar outras repetidamente. Emoções negativas marcam algo como prejudicial, e fugimos daquilo o tempo todo. As positivas trazem recompensas que queremos experimentar novamente sempre que possível. Nesse sentido, ambas são alertas que nos colocam de prontidão – seja para correr ou para ficar.

Não é por acaso que, quando nos voltamos para as emoções mais básicas, aquelas essenciais que estão presentes já em crianças pequenas (e mesmo em animais), que prescindem da cultura, encontramos uma lista que varia um pouco, mas sempre incluirá mais emoções negativas do que positivas. Medo, tristeza, raiva, desprezo, nojo, espanto contra uma ou outra emoção agradável, como alegria e prazer. O motivo mais provável é que sempre houve em nosso entorno mais coisas ameaçadoras do que protetoras.

Podemos fazer um exercício de imaginação e pensar em seres vivos desprovidos de qualquer emoção negativa. Eles poderiam adorar a companhia uns dos outros, seriam estimulados por boas refeições e buscariam sempre o sexo, mas, ao ignorarem os predadores pela ausência de medo, ao não lutarem por comida ou terreno por não terem raiva, ao se exporem a alimentos estragados pela falta de nojo, não teriam muita chance de sobreviver. No cenário contrário, mesmo sem grandes estímulos para cuidarem dos seus parentes ou para se reproduzirem, eles acabariam deixando mais descendentes, já que, por serem muito reativos a perigos, teriam mais chances de sobreviver e, com isso, passar seus genes adiante.

Não é possível nos livrarmos de emoções negativas. Mas compreendê-las como alarmes interessados em nossa integridade pelo menos pode nos fazer mais tolerantes com elas.

Referência

DAMÁSIO, A. *A estranha ordem das coisas*. São Paulo, Companhia das Letras, 2018.

Título	Tubo de ensaios: uma mistura de ciência, arte e cultura *pop*
Autor	Daniel Martins de Barros
Coordenador editorial	Ricardo Lima
Secretário gráfico	Ednilson Tristão
Preparação dos originais e revisão	Lúcia Helena Lahoz Morelli
Editoração eletrônica	Ednilson Tristão
Assessoria de projeto gráfico	Ana Basaglia
Design de capa	Editora da Unicamp
Formato	14 x 21 cm
Papel	Pólen natural 80 g/m² – miolo
	Cartão supremo 250 g/m² – capa
Tipologia	Minion Pro
Número de páginas	168

ESTA OBRA FOI IMPRESSA NA GRÁFICA BARTIRA
PARA A EDITORA DA UNICAMP EM JUNHO DE 2023.